人月神話

軟體專案管理之道 | The **Mythical Man-Month**
Essays on Software Engineering

20週年紀念版

Frederick P. Brooks, Jr. 著

錢一一 譯

經營管理 23

人月神話：軟體專案管理之道

作　　　者　Frederick P. Brooks, Jr.
譯　　　者　錢一一
責 任 編 輯　林博華
行 銷 業 務　劉順眾、顏宏紋、李君宜

總　編　輯　林博華
發　行　人　涂玉雲
出　　　版　經濟新潮社
　　　　　　104台北市民生東路二段141號5樓
　　　　　　電話：(02) 2500-7696　傳真：(02) 2500-1955
　　　　　　經濟新潮社部落格：http://ecocite.pixnet.net
發　　　行　英屬蓋曼群島商家庭傳媒股份有限公司城邦分公司
　　　　　　台北市中山區民生東路二段141號11樓
　　　　　　客服服務專線：02-25007718；25007719
　　　　　　24小時傳真專線：02-25001990；25001991
　　　　　　服務時間：週一至週五上午09:30-12:00；下午13:30-17:00
　　　　　　劃撥帳號：19863813；戶名：書虫股份有限公司
　　　　　　讀者服務信箱：service@readingclub.com.tw
香港發行所　城邦（香港）出版集團有限公司
　　　　　　香港灣仔駱克道193號東超商業中心1樓
　　　　　　電話：852-25086231　傳真：852-25789337
　　　　　　E-mail: hkcite@biznetvigator.com
馬新發行所　城邦（馬新）出版集團Cite(M) Sdn Bhd
　　　　　　41, Jalan Radin Anum, Bandar Baru Sri Petaling,
　　　　　　57000 Kuala Lumpur, Malaysia
　　　　　　電話：603-90578822　傳真：603-90576622
　　　　　　E-mail: cite@cite.com.my
印　　　刷　一展彩色製版有限公司
初 版 一 刷　2004年4月1日
初 版 36 刷　2022年6月23日

城邦讀書花園
www.cite.com.tw

ISBN：986-7889-18-5　　　　　　　　　　　版權所有・翻印必究

售價：480元　　　　　　　　　　　　　　　Printed in Taiwan

〈出版緣起〉

我們在商業性、全球化的世界中生活

經濟新潮社編輯部

　　跨入二十一世紀，放眼這個世界，不能不感到這是「全球化」及「商業力量無遠弗屆」的時代。隨著資訊科技的進步、網路的普及，我們可以輕鬆地和認識或不認識的朋友交流；同時，企業巨人在我們日常生活中所扮演的角色，也是日益重要，甚至不可或缺。

　　在這樣的背景下，我們可以說，無論是企業或個人，都面臨了巨大的挑戰與無限的機會。

　　本著「以人為本位，在商業性、全球化的世界中生活」為宗旨，我們成立了「經濟新潮社」，以探索未來的經營管理、經濟趨勢、投資理財為目標，使讀者能更快掌握時代的脈動，抓住最新的趨勢，並在全球化的世界裏，過更人性的生活。

　　之所以選擇「**經營管理─經濟趨勢─投資理財**」為主要目標，其實包含了我們的關注：「經營管理」是企業體（或非營利組織）的成長與永續之道；「投資理財」是個人的安身之道；而「經濟趨勢」則是會影響這兩者的變數。綜合來看，可以涵蓋我們所關注的「個人生活」和「組織生活」這兩個面向。

這也可以說明我們命名為「**經濟新潮**」的緣由——因為經濟狀況變化萬千，最終還是群眾心理的反映，離不開「人」的因素；這也是我們「以人為本位」的初衷。

手機廣告裏有一句名言：「科技始終來自人性。」我們倒期待「商業始終來自人性」，並努力在往後的編輯與出版的過程中實踐。

1975 年版獻詞

獻給兩位讓我在 IBM 的生涯中感到特別充實的人:

Thomas J. Watson, Jr. ,

他對同事的深切關懷,長存在公司每一位工作夥伴的心中,

以及

Bob O. Evans ,

由於他大膽的領導風格,使得工作變成一段歷險奇遇記。

1995 年版獻詞

給 Nancy ,

這是上帝賜予我的禮物。

大型複雜系統的創新管理經驗與智慧

李仁芳

台灣不缺創新人才，嚴重缺乏的是創新管理人才。

我們有世界級的電影導演，但優秀的製作人（Producer）卻鳳毛麟角。

我們有個人擁有上百個專利的科技怪傑，但很難找到能經營企業研究中心（Corporate Lab）的技術長。

我們也有能寫優美程式的駭客級好手，但能管理一個大型複雜軟體系統開發的專案管理者則遍尋不著。

科技的創新與美學的創新，半靠天份，半靠後天的專注與努力；但是創新專案的管理，特別是大型複雜系統創新的管理，其綜覽全局的眼光與對系統產品概念的整體性（Conceptual integrity）的掌控，則非仰賴蓄積的經驗厚度不可。

這種對大型複雜系統創新的管理經驗紋路與智慧奧義非常內隱，很少被彰顯出來。

微軟公司近年來非常重視新產品開發專案開發完成後的「專案稽核」（Project Audit）文件，強制要求未完成此文件的專案領導人不得結案交差。比爾‧蓋茲的用意即在藉這些文件，讓複雜軟體開發的管

理經驗得以在微軟內部流通，增益後來的微軟產品創新管理成效。

　　System/360 與 OS/360 是人類軟體工程技術開發史上非常重要的里程碑，不論在技術成就或商業績效上，都是使 IBM 公司成為「大藍」（The Big Blue）的關鍵產品。

　　本書的作者 Frederick P. Brooks, Jr.與另一要角 Bob Evans（TSMC 張忠謀先生好友，曾任行政院孫前院長的科技顧問及世界先進公司總經理）當年即為 IBM 此大型複雜系統專案的兩位主導人。

　　他們為 System/360 規劃了一系列不同的機型：Model 20、Model 30、Model 40、Model 50、Model 60、Model 62、Model 67……等等。

　　OS/360 的創新開發，尖峰時期曾超過1,000 人為之工作──程式設計師、文件編寫員、機器操作員、助理、秘書、經理、支援小組等。從 1963 到 1966 年間，大約有5,000 個人年（man-year）的工作量是投入到 OS/360 系統的設計、建構和文件撰寫工作。

　　雖然從效能最初階、最便宜到效能最佳、最貴多重等級都有，但這些機型的外觀系統都一樣，操作方式也彼此相容，只是內部的實作方式按等級做了調整。客戶可以視需要與預算來選擇適當的機型，而且拜單一架構之賜，使用者介面不需改變。因此客戶未來因業務成長想要升級時，門檻也很低──這是當時 System/360 一個很大的軟體工程技術成就與商業賣點。

　　Brooks 的《人月神話》是記述人類工程史上一項里程碑式的大型複雜軟體系統開發經驗的「創新管理」經典之作。

　　書中揭示了許多大型複雜系統創新管理的經驗紋路與智慧奧義，

是為有志於追求創新專案之管理專業人士參考。

創新管理是一極具「領域專屬」（Domain-Specific）特質的知識與技能。

管理大型複雜軟體專案的開發，與管理其他任何大型的專案（登月計畫、隱形轟炸機開發、局端交換機系統開發……）相比，類似的地方固然很多——比大部分程式設計師所相信的還要多。

然而，管理大型複雜軟體專案的開發，與其他領域大型專案不同的地方也很多——比大部分的專案經理所預料的還要多。

程式的創作必須呈現得非常完美，就像哈利波特要施展魔法一樣，咒文中的一個字或一個停頓，只要稍有差池，魔法就施不出來。

人類並不習慣做到這麼完美，人類的活動也很少需要做到這麼完美——而調適自我及團隊成員習於追求完美是軟體工程創新管理最困難的部分。

這種極致追求完美的大型複雜系統創新管理經驗，是人類智慧寶藏中極為重要、極為寶貴的一個環節，值得看重創新管理的人士仔細咀嚼。

Brooks 以內行人的經驗深度與形象化深入淺出的語言，對這段智慧寶藏做出了貢獻。

他所稱的：

- （新系統）概念整體性（Conceptual Integrity）；
- 外科手術團隊；
- 約束對（軟體工程開發）藝術而言是件好事（Discipline is good for art）；
- 形式就是解放（Form is liberating）；
- 架構（architecture）的外部規格制定出來，事實上反而會增加實

作小組創意風格，而非貶損；

- 架構設計師和實作人員越早進行持續性、充分、仔細而和諧的溝通，可以使架構設計師具有良好的成本概念，而實作人員也會對設計更有信心，不會模糊了各自的分工；

- 巴別塔的失敗不是因為缺乏明確的目標與充沛的資源與技術，而是因為溝通（communication）以及隨之而來的組織（organization）問題！

這些創新管理的深刻經驗與見解，不只對大型軟體開發的管理十分寶貴，對其他領域的複雜系統之創新管理，也極具參考價值。

像 Brooks 具備這種經驗厚度的人，寫出《人月神話》這樣的書，是人類知能累積過程中極大的福氣。社會應多鼓勵有這樣成就的人士多寫出類似的著作來。

（本文作者為國立政治大學科技管理研究所教授兼所長）

jflee@nccu.edu.tw

http://tim.nccu.edu.tw/jflee

科技再怎麼變，人還是人

盧希鵬

「天啊，這是一本三十年前出版的書！」這是我拿到這本書的第
一個感覺。但是三十年前出版的書，又有多少到現在還有市場？我想
除了金庸的小說之外，《人月神話》也是其中的一本。

三十年來，資訊科技與軟體程式技術的進步不止千里，但是不變
的是「人」。其實這不是講技術的書，而是一本講人與一群人在一起
工作的書，三十年來，程式人員的人性並沒有改變多少。當我看完之
後，就像第十九章開場的陌生人的感覺一般，勾起了我當初在寫程式
時的許多回憶。

人月（man-month or person-month）指的是「一個人要花幾個月」
才能完成軟體開發的單位，通常用來評估一件軟體專案的大小，也是
目前許多外包軟體的計價方式，包括軟體協會所提的軟體計價方式在
內，都是用「人月」計算的。但是聰明的人都知道，一個人工作十二
個月的工作績效，絕對與「十二個人工作一個月」的績效不同，儘管
兩種計算方式都叫做十二個人月。所以用「人月」來預估專案的時間
與績效是失真的。因為當一群人在一起工作時，需要協調溝通，大型
軟體專案要協調的人更多，所以台灣若要成為軟體王國，必須要超越

人月迷思。

　　我出國唸書前，在國內一家上市公司的資訊部門內擔任系統分析師與寫程式的工作。我的「人月」經驗完全與本書的作者相呼應。寫程式的人都很樂觀的預估一件程式完成的時間，但是誰知一個小小的 Bug ，可能就要花上數小時甚至數天的時間來除錯。如同作者所說，程式測試與整合遠比程式設計所花的時間多。當時如果我預估要兩天完成的工作，一定會跟業務單位說要五天，一則可能要應付測試與除錯的不確定性，二則如果比預定的時間晚兩天，業務單位還是會認為你早了一天完成。這是我十五年前工作的秘密，沒想到這本書在三十年前就已經指出。

　　此外，使用者想的是業務，程式設計師腦海中的是邏輯，當張飛與岳飛在一起溝通時，常常以為彼此達到共識，其實不然。我記得使用者永遠不知道他要的是什麼，只等到你寫出程式後，他能很確定的告訴你，這不是他所要的。因此我當初寫程式一定先寫人機介面，不寫內部邏輯，讓使用者「看到」系統，他們才說得出自己的需求是什麼。本書的作者也認為雛形或漸進式的軟體開發，比瀑布式的模式好。

　　還有系統文件一直是程式設計師的痛，因為程式都寫不完了，還要寫系統說明文件。當時我們的做法是將文件寫在程式裏頭，並且制訂標準的程式寫作風格，不然修改別人的程式非常的辛苦。當時我們也排除「super programmer」的邏輯，因為天才畢竟不多，而系統必須長久維護。當時我們的依循標準是 KISS（Keep It Simple & Stupid），程式要讓二流的程式設計師也看得懂，未來在維護上才容易。

　　人月還有一個迷思，如本書作者所提，聰明與庸才程式設計師的效率相差很多，但是企業如果以「人月工時」來計價或是來算成本的

話，常常會無形中嘉獎了庸才。同樣的程式，聰明的程式設計師可能花了四個鐘頭就寫完，庸才設計師可能要花十二個小時，下班前寫不完，還要加班四小時才完成。同樣的工作，反而多領了加班費。許多時候，人月所代表的不是專案大小與成本多少，更是程式設計師的能力。

　　本書是由許多短文編排而成，第十八章是作者在新版時所寫的全書摘要，第十九章也談了一些新的趨勢。不過我還是喜歡從第一章開始讀起，因為裏頭有許多來自實務的故事與智慧。

　　　　　　　　（本文作者為國立台灣科技大學資訊管理系教授）

軟體人生知何似

曾昭屏

人生到處知何似？應似飛鴻踏雪泥；

泥上偶然留指爪，鴻飛那復計東西。

老僧已死成新塔，壞壁無由見舊題；

往日崎嶇還記否？路長人困蹇驢嘶。

對於「人生何似」，蘇軾以一句「路長人困蹇驢嘶」，道盡其中況味。由此不禁想到自己多年來的「軟體人生何似」，我個人軟體專案的經歷，可描述如下：

- 軟體專案總是交期延誤、Bug 永遠解不完；
- 上司氣得跳腳；
- 被客戶罵得狗血淋頭（客戶會說：「這不是我要的」、「這根本不能用」）；
- 每週加班超過 20 小時連續半年以上；
- 總是感覺意志消沈，同樣的倒楣事一再上演；
- 搞軟體真是浪費生命，一群聰明人卻盡幹些蠢事；

- 已經有輕微的胃潰瘍、睡眠不足、職業倦怠、或初期過勞死等症狀；
- 苦思如何方能逃脫這種越陷越深、無法自拔的「焦油坑」。

正在百思不得其解、身心俱疲、對自己的能力產生強烈的懷疑之際，讀到下面兩位軟體界的前輩沙場老將自述其親身的經歷後，頓覺心情寬慰不少。

Gerald Weinberg 在《*Quality Software Management II: First-Order Measurement*》一書中，對於他自己的軟體專案經歷，所做的描述是：

> 你身處湖心當中，划著一艘小船，船底有幾個漏洞，水正慢慢地滲進來。你想要把漏洞堵起來，但卻遭到一大群仲夏凶惡蚊子的攻擊。能夠隨時注意到是否有問題的發生，或更進一步能預先加以防範（修補好漏洞），在理論上已經算不錯的了。但是你得一直忙著去驅趕昨日的問題（不停地去打蚊子），因而完全抽不出一絲的空閒來實踐任何的理論。

本書作者 Frederick Brooks 對於他自己的軟體專案經歷，所做的描述更為駭人：

> 史前時期最駭人的景象，莫過於一群巨獸在焦油坑裏做垂死前的掙扎。不妨閉上眼睛想像一下，你看到了一群恐龍、長毛象、劍齒虎正在奮力掙脫焦油的束縛，但越掙扎，焦油就纏得越緊，就算牠再強壯、再屬害，最後，都難逃滅頂的命運。過去十年間，

大型系統的軟體開發工作就像是掉進了焦油坑裏……

　　當初，我在軟體開發的專案中屢屢遇到挫折，不禁懷疑起自己的能力有問題。不過，見到公司裏其他的專案也碰到相同的問題，轉念這可能不是個人的問題，而是公司軟體技術水準不夠的問題。然而，放眼看到國內其他的軟體公司，情況也沒有更好，足見這可能是台灣整體軟體開發經驗不足的問題。最後，看到 Brooks 與 Weinberg 兩位軟體工程大師的自白，方才醒悟，這是普世軟體開發人員共同的問題。而本書即娓娓道來，為什麼軟體開發的工作會困難重重，癥結的原因到底出在哪裏。

　　約四十年前，IBM 藉著 System/360 和 OS/360，奠定了電腦巨人的地位。而這兩樣產品的 Architect（總設計師），就是本書的作者 Brooks（猶如電影《駭客任務》中設計出 Matrix 的那位 Architect）。OS/360 的開發工作從 1963 年到 1966 年，高峰期投入的人數超過一千人，所耗費的人力共達五千人年（man-year）。事後，他以評論的方式，將自己由此一超大型軟體專案所得的寶貴教訓，記錄在本書中。就像書中開宗明義第一章的引文所說：「對航海的人來說，擱淺的船就是燈塔。」Brooks 發揮西方人實事求是的精神，對於「有機會再來一次的話，你會有何不同的做法？（What will you do differently next time?）」這個問題，自問自答，將 System/360 及 OS/360 上所犯的錯誤與省思，詳細的記錄下來，做為後繼者的燈塔，造福所有後輩的軟體從業人員。書中的每一章，就如同一艘擱淺的船，提醒著航行於海上的我們，不要重蹈覆轍。例如：

- 第一章〈焦油坑〉告誡我們：軟體產品的開發工作不是只有寫程式而已，這樣的工作僅佔軟體專案六分之一的時間而已。

- 第二章〈人月神話〉告誡我們：不要小看了軟體開發的重重困難，而盲目樂觀，認為只要多投入些人力，就可彌補落後的進度，因此提出了有名的 Brooks 定律——在一個時程已經落後的軟體專案中增加人手，只會讓它更加落後。

- 第三章〈外科手術團隊〉告訴我們，組成軟體開發小組時，要解決兩難的情況：
  - 人數少的話，可維持產品概念的完整性，但會拉長時程；
  - 人數多的話，可縮短時程，但會增加溝通的負擔，且犧牲產品概念的完整性。

- 第十六章〈沒有銀彈〉探討軟體工程中本質的困難與表象的問題，並辨明哪些技術上的突破，才能讓軟體工程逃離焦油坑的束縛。

　　看完了本書，能讓我們在軟體專案中所碰到的一切問題都迎刃而解嗎？答案是否定的。遠流發行人王榮文在「大眾心理學叢書」的〈出版緣起〉中，將知識性的書籍分成兩類：

1. 每冊都解決一個或幾個你所面臨的問題：這類的書籍強調實用性，但一切知識終極都是實用的，而一切實用的知識卻都是有限的。

2. 每冊都包含你可以面對一切問題的根本知識：這類書籍使「實用的」能夠與時俱進，卻容納更多「知識的」，使讀者可以在自身得到解決問題的力量。

　　本書屬於第二類，作者引領我們一一指出他當年開發 IBM 的重
大產品時，所造成一艘艘擱淺的船隻，讓我們體會軟體開發工作當
中，必然會面臨到的各種困難的本質，增長我們面對一切問題的「根
本知識」，以儲備我們解決問題的力量。有了足夠的「根本知識」，仍
不能解決眼前的問題，接下來該怎麼辦呢？

　　軟體工程是一門跨學科的（multidisciplinary）學問，正如 ACM 和
IEEE Computer Society 正在修訂的 SWEBOK（Software Engineering
Body of Knowledge，可譯為「軟體工程的知識體系」，詳見 http://www.
swebok.org/）中所言，軟體工程至少涵蓋了計算機科學、計算機工
程、數學、認知科學、品質工程、專案管理、通信網路等學科。依個
人的經驗，要做好軟體開發的工作，除了傳統的設計、寫程式、測試
之外，所需的知識還包括：經濟學（如 Barry Boehm 所著《Software
Engineering Economics》及 Capers Jones 所著《Applied Software
Measurement》）、社會學（如 Tom DeMarco 所著《Peopleware》）、心
理學（如 Gerald Weinberg 所著《The Psychology of Computer
Programming》）、政治學（如 Paul Strassmann 所著《The Politics of
Information Management》）、管理學等。本書用理性的思維來探究真
相的根本（軟體的本質），由此指引現實生活（軟體專案），使我們明
白軟體的本質是什麼，且讓我們在做軟體專案時培養正確的心態、期
待、人生觀、及待人處事原則。故閱讀完本書的某一章之後，發覺那
正是你所亟欲解決的問題時，仍須有延伸的閱讀，以獲得較為現代、
更接近實踐層次的「實用知識」。軟體工程界的大師，如 Gerald
Weinberg、Tom DeMarco、Steve McConnell、Karl Wiegers 等所寫
的書，延續 Brooks 的指引，對「實用知識」有更進一步的鋪陳。如

欲拓展軟體工程的知識，Steve McConnell 所著《*Rapid Development*》是第二本書的首選。

本書適合的讀者是：對「軟體人生何似」的答案是「路長人困蹇驢嘶」者。

本書不適合的讀者是：認為搞軟體就是弄熟 C++、Java、SQL、API、UML、User Interface，是一項純技術性的工作；技術可解決軟體專案中的各種問題；只要給我一個週末，我就能寫出一個偉大的軟體程式。不適合的理由是：本書不談技術，只談本質（軟體的本質、問題的本質、現象的本質）、哪些是該破除的迷信、以及正確的觀點（人生觀及待人處事原則）。

本書的每一章都是以一幅畫、或一張照片開頭。常言道：一幅畫勝過千言萬語。這些畫和照片都有很深的寓意，所包含的訊息往往遠超過其後本文的敘述。待看完全書後，讀者不必記得所有的文字敘述，只要拿著那些畫和照片，憑著對本書的領悟，對照著自己實際的經驗，就也能向其他人說個故事，故事的寓意更深遠、內容更豐富、情節更精采。

2004 年台灣的總統選戰方酣之際，遠見雜誌請來諾貝爾經濟獎得主勞倫斯‧克萊恩（Lawrence Klein）先生，提供台灣未來經濟發展的方向。他的處方是「發展更高層次、更複雜、高附加價值的軟體」，以提升產業的生產力及台灣經濟體的效能，足見邁入知識經濟的年代後，評鑑一個國家國力的指標，就是軟體科技的能力。近年來，海峽彼岸在軟體工程類書籍的翻譯與引進上，如雨後春筍般蓬勃發展，不遺餘力，而台灣在這項工作上已落後甚多，是頗為令人憂心

的現象。本書算是邁向克萊恩先生所建議的戰略目標的第一步吧。

（本文作者為資深軟體專案經理，美國德州休士頓大學計算機科學系
碩士，現兼職翻譯）

二十週年紀念版序

實在是令我感到驚訝與喜悅，二十年來《人月神話》一直如此受到歡迎，出版了超過25萬本。人們常常問我，當初在1975年所提出的理念與建議，有哪些仍然是為我所堅持的，有哪些則是已經改變，以及是如何改變的。雖然我有時會在演講中回應這些問題，但其實很早就想把它寫下來了。

任職於Addison-Wesley公司的出版夥伴Peter Gordon，他從1980年起就跟我一起共事，很有耐心、對我幫助很大；他提議來出個紀念版，我們決定不重新修訂原文，一字不改地再版（除非是一些小的錯誤改正），然後以更現代的想法來擴增其內容。

第16章是轉載自1986年在IFIPS發表的文章〈沒有銀彈：軟體工程的本質性與附屬性工作〉，這篇文章醞釀自我所主持的一項國防科學委員會對軍用軟體研究的經驗，參與那項研究的工作夥伴，也就是我們的執行祕書Robert L. Patrick，是他促使我重新接觸實務上的大型軟體專案，這份經驗相當珍貴。這篇文章在1987年曾經轉載於IEEE《Computer》雜誌上，因而使這篇文章得以廣為流傳。

事實證明〈沒有銀彈〉相當具爭議性，它預測十年內不會有任何軟體開發的技術能夠單獨帶給軟體生產力一個數量級的提升，這十年還有一年就要期滿了，看來我的預言應該是會應驗。在文獻上，〈沒有銀彈〉已經比《人月神話》引發了更多熱烈的討論，所以，第17

章是針對一些出現過的評論所做的註解,並且更新了在 1986 年所提出的那些理念。

在為《人月神話》的回顧與更新做準備的同時,我突然想到,當年所做的論斷有多少引發了爭論、有多少通過了驗證、有多少已因軟體工程上持續的研究與經驗而證明是錯誤的呢?剝除掉原來所支持的理由與資料,將這些論斷做一個赤裸裸的分類,現在,已證明了這麼做對我是有所助益的,期望這些不加任何掩飾的陳述能夠鼓勵大家藉由評論與事實來對這些論斷加以驗證、舉出反證、更新、或粹煉,而這些綱要,我放在第 18 章。

第 19 章是屬於最新資訊的短文,先跟讀者聲明,這一章所談到的最新評論並不像初版書中的評論都經過了實務經驗的確認,我個人已經脫離業界,並在大學裏教了好一陣子書,所接觸到的都是小案子,不再是大型專案,自 1986 年以來,我只教授軟體工程的課程,並沒有進行相關的研究工作,我所研究的部分僅限於虛擬環境的領域及其應用方面。

在為這本書的回顧所做的準備過程中,我曾經向一些仍在軟體工程界工作的朋友們請教一些屬於當代的觀點,他們很樂意地分享這些觀點,並在文稿上提出創見性的評語,以及對我的再教育,這份熱心是值得讚揚的,這方面讓我受惠的有 Barry Boehm 、 Ken Brooks 、 Dick Case 、 James Coggins 、 Tom DeMarco 、 Jim McCarthy 、 David Parnas 、 Earl Wheeler 和 Edward Yourdon 。而新章節在技術面的製作則得力於 Fay Ward 高水準的經營。

感謝我在國防科學委員會軍用軟體專案小組的同事 Gordon Bell 、 Bruce Buchanan 、 Rick Hayes-Roth ,特別是 David Parnas ,他們提供了深入的見解與激發創意的構想,而第 16 章的那篇文章在

技術面的製作則是得力於 Rebekah Bierly 。因分析軟體問題而引出本
質性（essence）與附屬性（accident）工作的分類，靈感是得自於
Nancy Greenwood Brooks ，她在一篇談鈴木小提琴教學的文章中使用
這種分析方式。

　　按照 Addison-Wesley 的出版慣例，並不允許我在這篇序言中向
1975 年初版的一些關鍵人物致謝，但是有兩個人的貢獻是應當要提
出來的：Norman Stanton ，當時的執行編輯；以及 Herbert Boes ，當
時的美術指導。這本書的典雅風格是由 Boes 一手精心創造出來的，
其中有一位審稿人還特別讚揚：「寬闊的書頁邊緣，〔與〕富涵創造
力的字體運用和版面配置」，更重要的，就是他提出了每一章都用一
幅圖做為開場的重大建議（當時，我手上只有焦油坑和 Reims 大教堂
的圖），為了找這些圖片還額外多花了我一年的時間，但我永遠感激
他所提出的這個構想。

　　Soli Deo gloria ── 感謝老天。

北卡羅萊納大學 Chapel Hill 分校　　　　　　　　　　　　F. P. B., Jr.
1995 年 3 月

初版序

　　管理大型軟體專案，與管理其他任何大型的事業相比，類似的地方有很多——比大部分程式設計師所相信的還要多。然而，管理大型軟體專案與眾不同的地方也很多——比大部分專業經理所預料的還要多。

　　這門學問正在成長，相關的討論已經出現在一些研討會、美國聯邦資訊處理學會（AFIPS）會議中的一些座談、一些書和文章之中，但以目前的情況看來，還沒有開始把這方面當作有系統的一門學科來看待，似乎還蠻適合出版這本小書的，不過，這本書基本上反映的是屬於個人的觀點。

　　雖然我學的是計算機科學程式設計，但是在自動控制程式（autonomous control program）和高階語言編譯器被發展出來的這幾年（1956 ～ 1963 年），我所參與的工作多半是在硬體架構方面，到了 1964 年，當我擔任 OS/360 的專案經理時，我才發現軟體界這幾年的發展有著很大的變化。

　　儘管 OS/360 是個挫折蠻多的專案，但是從這段管理開發的經歷中所學到的卻是非常地多。開發團隊，包括我這個專案經理的接棒人 F. M. Trapnell，都非常以這個案子為榮，這個系統在設計和運作上擁有許多傲人的優點，也成功地達到了廣泛使用的目的，某些構想，像是最引人注目的裝置獨立輸出入（device-independent input-output）

與外部程式庫管理（external library management），都是目前已廣被模仿的技術創新，現在，這個系統非常可靠、相當有效率、功能也很豐富。

然而，我們努力的成果並不能算是全然的成功，任何OS/360的使用者都很快發現到，這個系統其實可以做得更好，特別是控制程式方面充斥了許多設計和運作上的瑕疵，在語言編譯器上也可以發現到這種情形。這些瑕疵大部分都是源自於1964～1965年間在設計階段時所造成的，所以這些缺失都必須算在我的頭上。更糟的是，這是個時程延宕的產品，比當初規劃花了更多的錢，成本是當初估計的好幾倍，而且它的效能在第一版之後又改版了好幾次才比較好些。

1965年，當我按照接手OS/360之初所做的協議，離開IBM公司到Chapel Hill分校之後，我開始分析OS/360的開發經驗，看看可以從中得到哪些管理和技術上的教訓，我特別想要說明的，就是在開發System/360硬體與開發OS/360軟體之間，兩者所遭遇到的管理經驗有著很大的不同。為什麼軟體的開發是如此難以管理？這本書老掉牙地回答了Tom Watson正在研究的這類問題。

有一次，我與R. P. Case（1964～1965年的副理）以及F. M. Trapnell（1965～1968年的專案經理）進行了一段漫長的會談，在那次的探討過程中我受益良多，我把結論跟其他大型軟體專案的經理們相比較，包括麻省理工學院的F. J. Corbató、貝爾電話實驗室的John Harr和V. A. Vyssotsky、國際電腦有限公司的Charles Portman、蘇聯科學研究院西伯利亞分院計算機實驗室的A. P. Ershov，以及IBM公司的A. M. Pietrasanta。

我自己的推論都收錄在後面的文章裏，這些短篇文章都是為專業程式設計師、專業經理人，特別是程式設計師的專業經理人而寫的。

　　雖然本書是由個別獨立的短文所組成的，但是有一個主要理念特別貫穿自第 2 章至第 7 章，簡言之，就是我相信以人力配置的比例而言，大型軟體專案所面臨的是跟小型專案完全不同的管理問題，我相信最關鍵的事情，就是要保有產品本身的概念整體性（conceptual integrity），而這些章節探討了達成概念整體性的困難與方法，之後的章節則探討了軟體工程管理上的其他議題。

　　有關這個領域的文獻並不豐富，但是包羅萬象，所以我嘗試提供一些參考資料來說明某些特別的論點，並將其他一些有用的成果指引給有興趣的讀者。已經有很多朋友讀過本書的手稿，其中有些人還提出了涵蓋面更廣的評論，這部分如果是看來頗有價值，但是與本文進展的主軸不搭配的話，我就把它們放在註解裏。

　　因為這是一本隨筆性質的書，並不是教科書，因此，所有的註解與參考資料都集中放在本書的結尾，讀者第一次閱讀的時候，不妨將之略過。

　　準備手稿時，Sara Elizabeth Moore 小姐、David Wagner 先生和 Rebecca Burris 女士給了我相當大的幫忙，而 Joseph C. Sloane 教授則是在內容解說方面提供了許多寶貴的意見。

北卡羅萊納大學 Chapel Hill 分校　　　　　　　　　　　　　　F. P. B., Jr.
1974 年 10 月

目錄

1
焦油坑
The Tar Pit

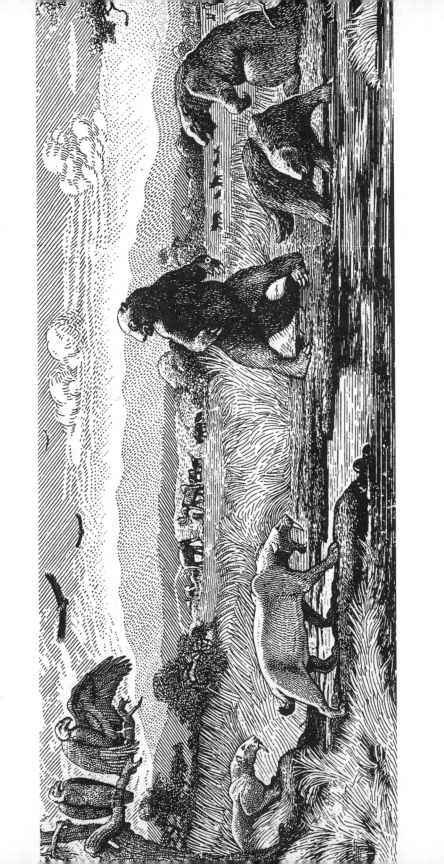

1
焦油坑
The Tar Pit

對航海的人來說，擱淺的船就是燈塔。

荷蘭諺語

Een schip op het strand is een baken in zee.

[*A ship on the beach is a lighthouse to the sea.*]

DUTCH PROVERB

C. R. Knight ，La Brea 焦油坑壁畫

洛杉磯自然歷史博物館，George C. Page 古生物館

［譯註］

有關開場白的荷蘭諺語，其寓意是在勉勵人們要記取前人失敗的教訓，也就是「前車之覆，後車之鑑」的意思。

La Brea 焦油坑位於美國洛杉磯，因石油滲出地表，經過長期揮發而留下黏稠的瀝青而成。數萬年前，在陽光或月光的照耀下，焦油黑黝黝地閃爍著動人的晶光，成千上萬的動物誤以為是水池或想橫跨這塊區域而走近，結果都沉沒在焦油之中，而焦油正好是天然的防腐劑，使得這些動物最後都成了化石。今天，人們可以在這座「史前生物大墳場」旁的 George C. Page 古生物館看到這些動物嚥氣前一刻的模樣。

史前時期最駭人的景象，莫過於一群巨獸在焦油坑裏做垂死前的掙扎。不妨閉上眼睛想像一下，你看到了一群恐龍、長毛象、劍齒虎正在奮力掙脫焦油的束縛，但越掙扎，焦油就纏得越緊，就算牠再強壯、再厲害，最後，都難逃滅頂的命運。

過去十年間，大型系統的軟體開發工作就像是掉進了焦油坑裏，許多很大、很厲害的猛獸都在裏頭劇烈翻滾，也許這些系統大多到最後都可以運作——但是卻沒有幾個能達到既定的目標、時程，以及預算的要求。大的、小的、胖的、瘦的，一個個開發團隊陷入了焦油之中而難以自拔。看起來，好像沒有什麼單一的問題曾使得軟體專案陷入這種絕境——個別的問題都好對付，但當各種問題同時發生又彼此糾結在一起時，便使得專案越來越遲滯不前，每個人似乎都被焦油般的問題纏住而嚇壞了，而且很難理解這些問題的本質為何。但是，如果我們想要解決這些問題，就要先試著去了解這些問題。

因此，一開始，就讓我們來看看軟體工程都是在做些什麼，以及它所帶來的樂趣和苦難。

軟體系統產品

有一次，偶然在報上看到一則報導，說有兩個程式設計師就在一間改裝車庫裏完成了一個了不起的程式，甚至超越了一個大型團隊所能創造的成果。任何一個程式設計師都會相信這類傳奇故事，因為正規團隊的開發速度據說是年產 1,000 行程式碼，而一般程式設計師可以用比這快上許多的速度來完成任何程式。

但是，為什麼沒有任何一個正規的團隊被這種車庫二人組取代呢？我們必須看看他們所做出來的是什麼東西。

在圖1.1 的左上角部分所代表的是一個程式（program），它本身是完整的，寫這個程式的人可以在開發系統上執行它，這就是一般所謂在車庫裏製造出來的東西，也就是個別的程式設計師用以評估生產力的東西。

有兩個方法能把左上角的程式變成更實用、但更花成本的東西，這兩個方法在圖中是用兩條邊界線來做區分。

從圖1.1 的左上角部分，向下越過一條水平邊界線，程式就變成了**軟體產品**（**programming product**），這是一個可以讓任何人執行、

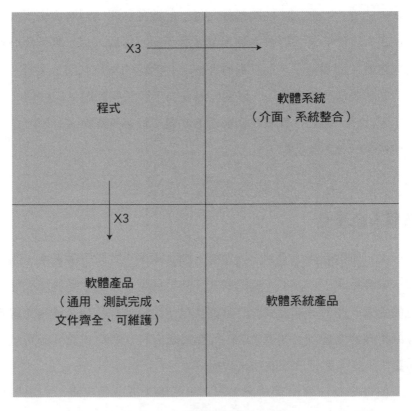

圖 1.1　軟體系統產品的進化

測試、修改和擴充的程式，並且適用於多種操作環境，以及不同情況的資料。要成為普遍情況都能適用的軟體產品，程式就必須以通用的風格來編寫，特別是輸入資料的範圍與形式，要做到能讓一般基本演算法都能合理接受的程度。接下來，程式必須經過徹底的測試，以確保它是可靠的，這意味必須準備、啟用一個豐富的測試案例（test case）資料庫，以便於探究並記錄輸入資料的範圍與各個邊界值（boundary）的執行情形。最後，一個程式要晉升為軟體產品，還必須有完整的文件，以指引別人使用、修改或擴充它。根據經驗，我估計就同　項功能而言，完成一項軟體產品的成本至少是寫一個程式的三倍。

向右越過一條垂直邊界線，程式就變成了**軟體系統**（programming system），這是彼此交互運作的一組程式集合，這些程式之間，有律定共同的資料格式與合作模式，組合起來就是可以完成某項複雜工作的一套完整設施。要做出軟體系統，程式之間必須定義出明確的介面（interface），而每個程式的輸出入都要符合介面所規定的語法（syntax）和語意（semantic）。此外，每個程式也都必須經過設計，以滿足整體規劃出來的資源限制——記憶體大小、輸出入裝置、執行速度等等。最後，所有相關的程式必須整合在一起，以任何設想得到的組合進行測試，隨著越來越多的組合情況，測試的涵蓋面也必須越來越廣才行，麻煩的是，即使組件（component）都已個別除錯完畢，但兜在一起時仍有可能引發意料之外的交互作用，而這種錯誤往往非常棘手，也將耗費更多的時間。就同一項功能而言，完成軟體系統中的一個組件的成本至少是寫一個程式的三倍，而且，如果系統中的組件數量越多，成本就可能更高。

圖 1.1 的右下角部分，代表的是**軟體系統產品**（programming

systems product），更不同於以上所述的簡單程式，它的花費要九倍，甚至更多，但卻是真正有用的，也是大部分軟體工程企圖要做出來的東西。

寫程式的樂趣

為什麼寫程式很有趣呢？寫程式的人期望從中得到什麼樣的樂趣呢？

首先，是創造的趣味，就好像小孩子快樂地用泥巴做成一個派。大人們也一樣，從創造中可以得到十足的快樂，特別是自己設計的東西。我想這樣的樂趣一定是映自於上帝創造萬物的樂趣，你看每一片樹葉、每一片雪花的獨特與新奇，不正顯示了這種創造的樂趣嗎？

其次，令人感到愉快的，是我們所創造出來的東西竟然對別人有用。在我們的內心深處，都希望別人用我們做出來的東西，並且發現這東西對他很有幫助。從這點看來，軟體系統跟小孩子第一次為「父親辦公專用」所做的黏土筆筒沒有什麼不同。

第三，是那種打造精巧機制時，類似推理、解謎的過程，令人迷戀。把彼此聯動的零件組合起來，眼看著成果真的按照了我們原先所設想的方式微妙地在運作，受程式操控的那台電腦不但擁有彈珠台或自動點唱機的迷人魅力，並且將之發揮到淋漓盡致。

第四，是持續學習的樂趣。這種工作具有不重複的特質，也不知為什麼所要解決的永遠是全新的問題，而解決問題的人總是可以從中學到些東西：有時是在實務方面，有時是在理論方面，或兩者都有。

最後，是在如此易於操控的介質（tractable medium）上工作的快樂。程式設計師就像詩人一樣，只動動腦筋就可以做事，運用想像力，便可以憑空造一個城堡出來，很少創造性工作的介質是如此富於

彈性、如此方便地讓你修修改改，並輕易地就可以把一個偉大的構想
實現出來。（當然在後面我們會看到，這樣的易操控性也有它伴隨而
來的問題。）

然而，程式又跟詩人所用的字詞不同，程式本身是沒什麼，但它
可以製造出看得到的效果，讓你真實感受到它活生生地在動、在做
事。它能夠列印、畫圖、發出聲響、移動機械手臂，只要在鍵盤上敲
入適當的咒文，整個螢幕的畫面就生氣蓬勃起來，顯現出我們未曾見
過、或在現實生活中不可能見到的事物，神話和傳說中的魔法在我們
有生之年實現了。

所以寫程式實在很有趣，因為它滿足了我們潛藏於內心創造事物
的渴望，並且激發了我們每個人原本就擁有的快樂感受。

寫程式的苦難

然而，並不是樣樣都是有趣的，它也有天生的難處，了解這些，可以
讓你在遭遇困難的時候，更容易坦然面對。

首先，你必須表現得非常完美。電腦在這方面也跟魔法一樣，咒
文中的一個字或一個停頓，只要稍有差池，魔法就施展不出來。人類
並不習慣做到這麼完美，人類的活動也很少需要做到這麼完美，我認
為，調適自己習於追求完美是學習軟體工程最困難的部分。[1]

其次，由別人設定目標，由別人供給資源，由別人提供相關的資
訊，你很少能夠自行安排自己的工作細節與工作目標，套句管理上的
術語，你所擁有的權力並不足以承擔你所扛下的責任，不過，好像在
任何領域中，真正能把事情做好的職位都未曾在名義上得到與責任相
稱的權力。實際上的情況是：你得先把工作做成功，才會得到越多實

質上的（相對於名義上應得的）權力。

　　還有一點，就是得依賴別人才能成事，對系統程式設計師而言，這種獨特的情況也非常令人痛苦。他得依賴別人所寫的程式，可是別人的程式往往是個不良的設計，程式寫得很菜，移交也不完整（缺程式碼或測試案例），文件錯誤百出，於是他必須花很多時間去找出錯誤並加以修正，在理想的世界裏，這些東西都應該是完整的、隨手可得、隨即適用的。

　　雖說為了偉大的構想而從事設計是份樂趣，但尋找多如牛毛的臭蟲（bug）就只能算是份差事，這是另一個苦難。任何創作活動的背後都免不了附帶枯燥、沉悶、耗時的辛勤工作，寫程式也不例外。

　　還有，你會發現除錯工作應該是呈線性緩慢地收斂，或者更糟，但不知怎麼的，我們都會期待除錯能以二次函數的收斂速度快快結束，其實，最後出現的錯誤才最難纏，也會比早期發現的錯誤花費更多的時間才能找到，所以測試的工作也就拖拖拉拉沒完沒了。

　　最後一項苦難，常常也是壓死駱駝的最後一根稻草，那就是你所投入心血進行的工作可能要花上許多時日，等產品做出來的時候（或之前），卻發現它就要落伍了。你的同行或競爭對手早就在如火如荼地開發更先進的產品，所以你那智慧結晶即將面臨淘汰的命運已不僅僅是個可能，而是既定並且可以預期的事情。

　　不過實際上應該不會那麼糟，通常一項產品完成後，更新更棒的產品並未備妥（available），只是說說罷了，它也需要時間去開發才能具體落實的，除非真有實際上的用途，否則想像中的真老虎絕對敵不過現成的紙老虎（The real tiger is never a match for the paper one），已經做出來的東西擺在那裏就是優勢，單憑這點就很令人滿意了。

　　當然，我們所倚賴的技術基礎是不斷地在進步，當設計完成的那

一剎那，從該設計所代表的概念來看，它就已經落伍了。但是，一個實實在在的產品從無到有，需要經過許多階段來將之具體化，做出來的東西是不是落伍，應該跟其他已經存在的實物來比較，而不是跟那些尚未實現的概念相比。軟體工作的任務和挑戰就是以現有的資源並在時效之內，找到實際的方法去解決現實的問題。

這就是軟體工程，在發揮創意之餘，又得在焦油坑裏頭奮鬥，有樂，也有苦。對大部分的人而言，樂還是遠多於苦，而這本書接下來的部分，便是企圖在焦油坑上鋪上一條走道。

2

人月神話
The Mythical Man-Month

Restaurant Antoine

Fondé En 1840

AVIS AU PUBLIC

Faire de la bonne cuisine demande un certain temps. Si on vous fait attendre, c'est pour mieux vous servir, et vous plaire.

ENTREES (SUITE)

Côtelettes d'agneau grillées 2.50

Côtelettes d'agneau aux champignons frais 2.75

Filet de boeuf aux champignons frais 4.75

Ris de veau à la financière 2.00

Filet de boeuf nature 3.75

Tournedos Médicis 3.25

Pigeonneaux sauce paradis 3.50

Tournedos sauce béarnaise 3.25

Entrecôte minute 2.75

Filet de boeuf béarnaise 4.00

Tripes à la mode de Caen (commander d'avance) 2.00

Entrecôte marchand de vin 4.00

Côtelettes d'agneau maison d'or 2.75

Côtelettes d'agneau à la parisienne 2.75

Fois de volaille à la brochette 1.50

Tournedos nature 2.75

Filet de boeuf à la hawaïenne 4.00

Tournedos à la hawaïenne 3.25

Tournedos marchand de vin 3.25

Pigeonneaux grillés 3.00

Entrecôte nature 3.75

Châteaubriand (30 minutes) 7.00

LÉGUMES

Epinards sauce crème .60   Chou-fleur au gratin .60

Broccoli sauce hollandaise .80   Asperges fraiches au beurre .90

Pommes de terre au gratin .60   Carottes à la crème .60

Haricots verts au berre .60   Pommes de terre soufflées .60

Petits pois à la française .75

SALADES

Salade Antoine .60

Salade Mirabeau .75

Salade laitue au roquefort .80

Salade de laitue aux tomates .60

Salade de légumes .60

Salade d'anchois 1.00

Fonds d'artichauts Bayard .90

Salade de laitue aux oeufs .60

Tomate frappée à la Jules César .60

Salade de coeur de palmier 1.00

Salade aux pointes d'asperges .60

Avocat à la vinaigrette .60

DESSERTS

Gâteau moka .50

Méringue glacée .60

Crêpes Suzette 1.25

Glace sauce chocolat .60

Fruits de saison à l'eau-de-vie .75

Omelette soufflée à la Jules César (2) 2.00

Omelette Alaska Antoine (2) 2.50

Cerises jubilé 1.25

Crêpes à la gelée .80

Crêpes nature .70

Omelette au rhum 1.10

Glace à la vanille .50

Fraises au kirsch .90

Pêche Melba .60

FROMAGES

Roquefort .50   Liederkranz .50   Gruyère .50

Camembert .50   Fromage à la crème Philadelphie .50

CAFÉ ET THÉ

Café .20   Café au lait .20   Thé .20

Café brulôt diabolique 1.00   Thé glacé .20   Demi-tasse .15

EAUX MINERALES—BIERE—CIGARES—CIGARETTES

White Rock   Bière locale   Cigares

Vichy   Cliquot Club   Canada Dry   Cigarettes

Roy L. Alciatore, Propriétaire

713-717 Rue St. Louis   Nouvelle Orléans, Louisiane

2
人月神話
The Mythical Man-Month

好菜都得多花些時間準備，為了能讓您享受到更美味、更可口的佳餚，請您務必耐心稍待。

紐奧良，ANTOINE 餐廳的點菜單

Good cooking takes time. If you are made to wait, it is to serve you better, and to please you.

MENU OF RESTAURANT ANTOINE, NEW ORLEANS

軟體專案進行不順利的原因或許很多，但絕大部分都是肇因於缺乏良好的時程規劃所致。這種情形相當普遍，是什麼原因造成的呢？

第一，我們目前的時程預估技術還非常不成熟，糟的是，這些不成熟的技術背後都反映出一個假設，亦即，一切都會進行得很順利，但這實在是大錯特錯。

第二，我們的預估技術誤把工作量和專案進度混為一談，這又隱含了另一個假設，以為人力和工時可以互換。

第三，由於我們對自己所做的預估都無法篤定，所以專案經理通常缺乏 Antoine 餐廳廚師那種委婉的堅持。

第四，時程進行缺乏監控，並把其他工程領域上被證明可行或慣用的技術套在軟體工程上進行改革。

第五，當發現時程延誤的時候，自然而然的（也很典型的）反應就是增加人手，但這簡直就是火上加油，只會把情況弄得更糟，結果是火燒得更大，於是又加更多的油讓它燒，惡性循環，最後以災難收場。

時程監控是另一個獨立的主題，這裏我們要深入探討的是上述的第一、第二、第三、第五方面的問題。

樂觀

所有的程式設計師都是樂觀的傢伙。或許，樂觀的魔法總是特別吸引那些堅信最後一定會有貴人相助、也一定會有快樂結局的人；或許，多如牛毛的挫折早就嚇跑了所有的人，剩下的都是些只會注意最後結果的傢伙；或許，只因為電腦很年輕，程式設計師也很年輕，而年輕

人總是樂觀的。無論是哪種情形,所造成的結果都是無庸置疑的,那就是:「這次一定可以運作了吧!」、「最後一個錯誤剛剛被我找出來囉!」

因此,隱藏在軟體專案時程下的第一個錯誤假設就是一切都會進行得很順利,亦即,*每項工作都將只會耗費掉它「理應」耗費的時間。*

這種瀰漫在程式設計師之間的樂觀氣氛很值得我們做更進一步的分析。有一本很棒的書叫《*The Mind of the Maker*》,是 Dorothy Sayers 所寫的,她在書中將創作的過程分為三個階段:構想(idea)、實作(implementation)、互動(interaction)。凡是一本書、一部電腦,或是一個程式的產生,最初都是靈光乍現,在時空之外醞釀,但只是在創作者的腦中成形。然後,在某個時空之下,才真正用筆、墨、紙,或用電線、矽晶片、磁性物質,把它具體實現出來。最後,當有人讀了這本書、用了這部電腦,或是執行了這個程式,進而與原創作者的想法產生了互動,創作於是完成。

以上的描述,Sayers 小姐不僅用來解釋人類的創作活動,還用來闡明了基督教三位一體的教義(Christian doctrine of the Trinity),而這段描述也有助於我們此刻的分析。人類在從事創作時,構想中的不完備或矛盾之處只有到了實作階段才會明朗,正因為如此,書面文件、實驗方法、「細節釐定」便成了理論家(theoretician)的基本修練。

許多創作活動在進行時所使用的介質(medium)並不那麼易於操控(tractable),木材會斷裂、油漆會沾污、電路會纏在一塊兒,這些介質的物理缺陷(physical limitation)不但限制了實現某些構想的意圖,也造成了實作階段中一些意料之外的困難。

於是，在實作階段，我們就得為介質的物理缺陷，以及潛藏在構想中的不完備之處，付出時間與汗水，但我們會傾向於把這些在實作階段所遭遇到的困難，怪罪於實體的介質，因為這介質並不是在原構想中「我們想要的」那個介質，而自尊心也影響了我們對事情的評斷。

然而，寫程式所使用的介質非常易於操控，程式設計師在創作的時候，用的都是純粹思維的材料：概念，以及隨之而來極富彈性的表達方式。因為這種介質的操控太輕便了，使得我們誤以為在實作階段應該不會有什麼困難才對，這就是我們充滿樂觀的由來。由於我們的構想不可能十全十美，就是會有臭蟲（bug），所以我們其實是不應該這樣樂觀的。

就單獨一件工作而言，如果假設一切都將順利進行，其結果會對時程造成何種影響是看運氣。從機率分佈的角度來看，「完全不延期」也是有一定的機會，所以，或許它真的能如計畫所預期地進行，但是，如果面對的是大型軟體開發專案，包含的是一大群工作，而且彼此環環相扣，那麼，一切都將進行得很順利的機率將是微乎其微。

人月

第二個錯誤的想法，是來自於預估和排定時程所使用的人月（man-month），這正是一般用來衡量工作量的單位。成本確實會隨著人力與工時的乘積而變，但工作的進度可不是如此，所以用人月來衡量工作規模的大小是危險的，也是一個容易遭到誤解的迷思（myth），使用人月的前題必須是在人力和工時可以互換的情況之下。

只有當工作可被切分（partition），而且投入工作的人彼此不用溝

通（communication），人力和工時的互換才算成立（圖 2.1），像割小
麥或採收棉花就是這樣，但這對程式設計來說卻完全不適用。

　　當一份工作因具有連續性的限制而不可切分時，就算投入再多的
人力，也不會對時程有所影響（圖 2.2），生小孩就是需要九個月，你
叫多少個媽一起生都一樣，軟體工程就是像這樣的工作，因為它必須
除錯，而除錯就具有連續性的本質。

　　當工作可被切分，但是每個子工作之間需要溝通時，為這些溝通
所付出的代價必須納入對工作量的計算之中，因此，這種情形就是做
得再好，也比不上人力和工時可以互換的情況（圖 2.3）。

　　因溝通而增加的負擔可分為兩部分，即訓練和相互的交流
（intercommunication）。每個投入工作的人都必須先接受有關技術、努
力的目標、整體的策略，以及工作計畫上的訓練。由於訓練這項工作
本身是不可切分的，所以這部分所增加的工作量基本上是和投入人力
的多寡呈線性的關係。[1]

　　相互的交流就更糟了，假如工作被切分的每個部分都必須各自和

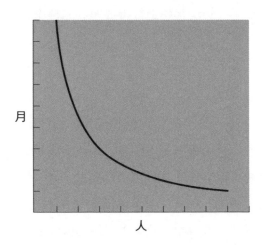

月

人

圖 2.1　時間與工作人數的關係——可完美切分的工作

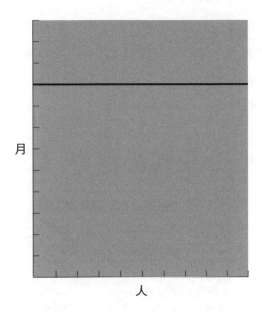

圖 2.2　時間與工作人數的關係——無法切分的工作

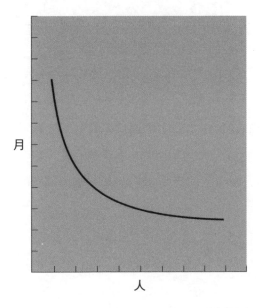

圖 2.3　時間與工作人數的關係——可切分但需要溝通的工作

其他部分進行協調，那麼所增加的交流量便是 n(n-1)/2 倍。如果只考慮一對一的交流，三個人的交流量是兩個人的三倍，四個人則要六倍。如果考慮的是多對多的交流，也就是需要三個人、四個人……同時一起開會協商的情況，參與解決事情的人越多，相互交流的問題就越嚴重，這方面所增加的溝通代價到最後很可能完全抵銷掉因增加人力所帶來的好處，也就是演變成圖 2.4 的情況。

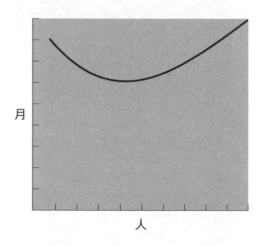

圖 2.4　時間與工作人數的關係──交互關係複雜的工作

　　由於軟體的創作在本質上是屬於系統性的工作──一種處理複雜交互關係的活動──所以溝通的成本是很高的，這項成本一下子就蓋過了因工作切分而省下的時間，其結果是增加越多的人力，而時程，仍不會縮短。

系統測試

在時程中，組件除錯（component debugging）和系統測試（system

test）是受連續性限制影響最徹底的部分，甚至，需要耗費的時間是基於所遭遇到的錯誤數目以及錯誤的棘手程度，理論上，這個數目應該是零，但因為樂觀，使我們預期的錯誤數目往往會比真正遭遇到的少，因此測試總是大大地延誤時程。

多年來，我都是使用下列的經驗法則來安排軟體專案的時程，還蠻好用的：

1/3　　規劃

1/6　　寫程式

1/4　　組件測試和早期系統測試

1/4　　系統測試，完成所有的組件。

這樣的比例分配和傳統的時程預估有幾點不同：

1. 規劃部分的比例比一般還高，即使如此，要訂出詳盡而充實的規格都還很勉強，若要把整個新技術的研究或探索都算進去的話，時間就不夠了。

2. 時程中有一半是花在程式除錯，這訂得比一般高多了。

3. 寫程式的部分很容易預估，只佔整個時程的六分之一。

考察一下採用傳統時程的專案，我發現其中很少會分配二分之一的時程給測試部分，但實際上測試就是會花掉二分之一的時間，所以這其中有不少專案在還沒有進行系統測試之前都能符合時程，但到了系統測試開始之後就發現情況不妙了。[2]

我要特別指出，沒有分配足夠的時間給系統測試，就會釀成大災難，這是因為等到交貨在即，發現時間不夠用的時候，時間卻已經快用光了，而在這之前，都沒有人會意識到時程有什麼不對勁，結果，

在噩耗、落後竟然都沒有任何預警的情況下,把你的顧客和老闆嚇一大跳。

甚至,在這個節骨眼上,延遲通常還會在財務上和心理上造成嚴重的影響,所有的人都已經為了這個案子動員起來,每天的開銷達到最高峰,更糟的是,當軟體要用來支援其他商業活動時(電腦要運交、新設施要營運等等),由於這些商業活動通常都是配合軟體的交貨而規劃的,如果一併遭到延遲,所造成的衍生成本(secondary cost)是相當可觀的。事實上,這些衍生成本遠高於其他方面成本的總和,所以,分配足夠的時間給系統測試是非常重要的。

要有勇氣堅持自己的預估

請注意,程式設計師的遭遇跟廚師一樣,顧客的催促也許會左右工作的預定完成時間,但對工作的實際完成時間不會有什麼影響。一客煎蛋卷,答應兩分鐘做好,而且看起來應該可以順利上桌,但是如果到了兩分鐘還沒有做好,那麼這位顧客只有兩種選擇——繼續等,或者吃生的。你的軟體顧客也是只有這兩種選擇。

當然廚師還有另外一種選擇,他可以把火加大,那煎蛋卷就完蛋了——有一半燒焦,另一半還是生的。

我不認為軟體專案經理在先天上就缺乏廚師的勇氣與堅持,或是在這點上比其他工程領域的管理者還差,但是在軟體界,以錯誤的時程去配合顧客期望的日期,這是比其他工程領域還普遍的現象。對於缺乏數據、僅憑很少的資料、主要靠著專案經理的直覺所預估出來的時程,很難提出一個強而有力、能夠自圓其說,並足以擔保一切風險的辯解。

明顯地，這必須從兩方面來解決。我們先要蒐集並告知大家有關生產力的資料、錯誤發生率的資料、預估時程的法則等等，唯有藉著分享這些資料，整個軟體界才能夠獲利。

另一方面，在為預估方法找到一個更為堅實的基礎之前，專案經理個人必須挺起胸膛，勇敢為自己的估計堅持立場，保證就算是他的直覺再不濟，也比用願望來做預估要好。

惡性循環的時程災難

當軟體專案延誤時，我們能做些什麼處置呢？通常是增加人力，但從圖 2.1 到圖 2.4 看來，這麼做可能有效，也可能沒效。

我們用一個範例來說明。[3] 假設有一份工作估計需要 12 個人月，並且指派三個人工作四個月，時程上有 A、B、C、D 四個里程碑，分別是在每個月的月底（圖 2.5）。

現在假設第一個里程碑實際上花了兩個月才達到（圖 2.6），身為

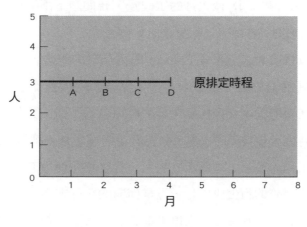

圖 2.5

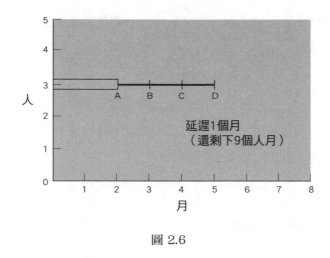

圖 2.6

專案經理,接下來的做法有哪些選擇呢?

1. 假設工作必須準時完成,又假設只有第一個月的時程是估計錯誤的,如圖 2.6 所示,剩下 9 個人月的工作量,時間剩下兩個月,所以需要 4 $\frac{1}{2}$ 個人來把工作做完,結論是加 2 個人。

2. 假設工作必須準時完成,又假設是平均低估了所有的時程,如圖 2.7 所示,剩下 18 個人月的工作量,時間剩下兩個月,所以需要 9 個人來把工作做完,結論是加 6 個人。

3. 重新安排時程。我推崇 P. Fagg 所提出來的忠告,他是個很有經驗的硬體工程師,他說:「一丁點延誤的機會都不要有。」亦即,在新時程中安排能夠保證工作可以很仔細、很徹底地完成的足夠時間,使後頭的工作不會再發生需要重新安排時程的事情。

4. 刪減工作。實務上這經常發生,一旦察覺時程趕不及,而且延遲將造成昂貴的衍生成本時,這是僅有的可行方案。專案經理唯一的選擇就是規規矩矩、謹慎地重新安排時程,否則,你會看到工

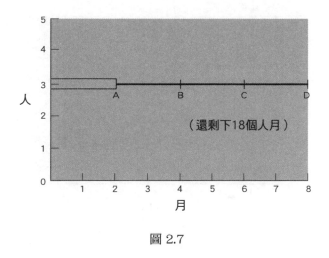

圖 2.7

作還是會在暗中被匆促的設計與不完整的測試給悄悄刪減掉。

就前兩項方案而言，都是堅持不在時間上讓步，就是一定要在四個月內完成，而這是個非常糟糕的決定。例如，考慮一下第一個方案的後續影響（圖 2.8），新加入的兩個人，不論如何能幹，不論多快進入狀況，都需要一個老手抽身來負責訓練他們，如果這得花上一個月，那麼這 3 個人月的訓練工作量並不在原先的估計之內，更糟的是，這工作原本是切分成三人份的，現在要用五人份的方式重新切分，這意味著之前某些工作又得重做，而且系統測試的時間勢必延長，於是，到了第三個月的月底，基本上還會剩下 7 個人月以上的工作量，人力方面倒是有 5 個訓練有素的人可用，但時間只剩下一個月。如圖 2.8 所示，結果還是無法如期完成，而且延遲的程度跟不加人的做法（圖 2.6）是一樣的。

如果要在四個月內完成，並且將訓練的時間納入考量，但不考慮工作重新切分和額外系統測試的時間，那麼在第二個月的月底時，應

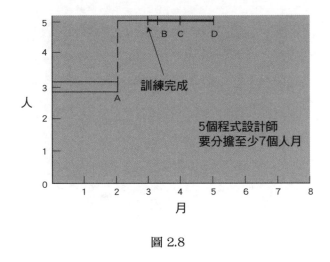

圖 2.8

該要加 4 個人,而非 2 個人。如果連工作重新切分和額外系統測試的
時間都一併納入考量,那麼就得加更多的人才行,這會演變成一個編
制至少是 7 個人的小組,而非原先的 3 個人,整個組織與工作配置已
算是大幅改變,不是小幅的調整而已。

　　注意,到了第三個月的月底時,情況看起來會很悲慘,第三個月
該完成的里程碑並沒有按預期達成,表示之前在管理上的努力看不到
效果,於是又會很想加新的人進來,重蹈覆轍,不斷地抓狂。

　　以上所述,只是假設第一個里程碑的時程是錯估的,這還是比較
樂觀的想法。如果考慮圖 2.7 ,保守地假設所有的時程都是錯估的,
於是加 6 個人,考量訓練、工作重新切分、額外系統測試的時間,這
些計算就留給讀者們當作練習了。無疑地,災難會不斷上演,並導致
做出來的是個爛東西,最後,到頭來還是會重新安排時程,就是照原
來的方式叫那三個原班人馬去做,可千萬別再提加人的餿主意了。

　　雖然不夠嚴謹,看來也異於常理,我們還是在此提出 Brooks 定
律:

在一個時程已經落後的軟體專案中增加人手，只會讓它更加落後。（Adding manpower to a late software project makes it later.）

這定律破除了人月神話。軟體專案會耗費多少時間是看它有多少連續性的限制，該投入多少人力是看它可以切分成多少獨立的子工作，根據這兩點，我們就可以推論出用人較少、耗時較多的時程（唯一的風險就是軟體落伍的問題），然而，你是無法得到一個用人較多、耗時較少而又行得通的時程。軟體專案進行不順利的原因或許很多，但絕大部分都是缺乏良好的時程規劃所致。

3

外科手術團隊
The Surgical Team

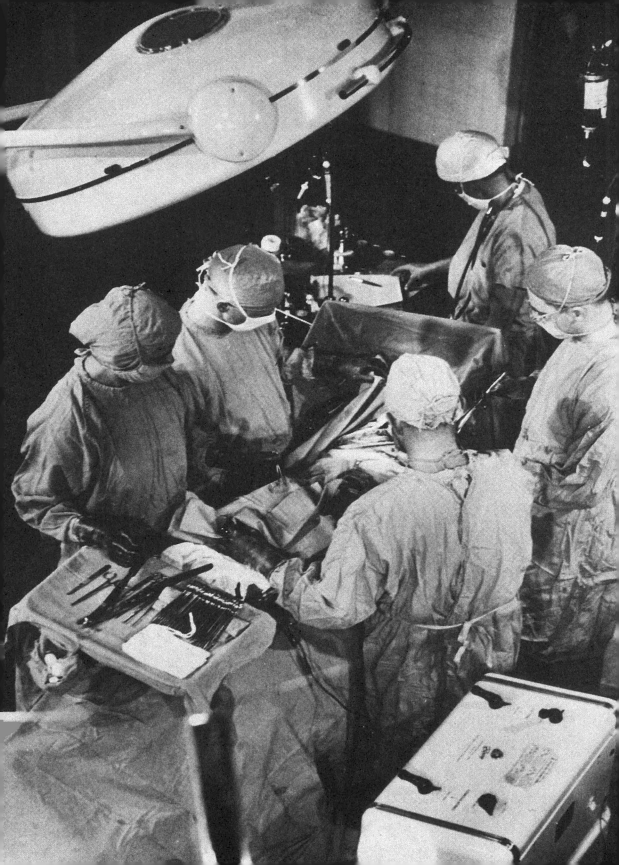

3
外科手術團隊
The Surgical Team

研究顯示，高手與庸手的表現有著極大的差異，而且往往是一個數量級的差異。

These studies revealed large individual differences between high and low performers, often by an order of magnitude.

SACKMAN, ERIKSON, AND GRANT[1]

[譯註]

「數量級」是簡化數字的一種方式，用以迅速了解數據的大小。n 個數量級 = 10^n 倍，所以一個數量級 = 10^1 倍 = 10 倍，依此類推。

一個典型外科手術團隊中的角色與職掌如下：

外科醫師　擔任主刀，一般為主治醫生，決定手術的方式與進行步驟，負責手術成敗。（開場圖片左起第二人）

助手　輔助手術的進行，擦血、吸血、綁線、拉勾……等等。通常以資深住院醫師為第一助手（圖中最右邊一人），並視手術的困難度增加較資淺的第二助手（圖中最下方一人）。有時也會有實習醫生在旁學習，視狀況可當次要助手。

刷手護士　負責手術部位皮膚消毒，建立手術無菌區（靠近病人手術部位的區域），配合外科醫師傳遞器械，保管開刀所取下來的組織標本，並與流動護士一起完成手術前後的準備與善後工作。（圖中最左邊一人）

麻醉醫師　評估並施行麻醉，負責病人的麻醉安全。（圖中最上方一人，也有可能為麻醉護士）

麻醉護士　在麻醉醫師的指示下，監視病人的生命跡象，並給予適當的麻醉劑量。

流動護士　準備手術台，清點器械，安置病人，對外協調，控制手術房的氣氛，適時提供任何必要的後勤支援，清潔手術房，補充物品。

專業技術人員　比較複雜的開心手術、器官移植……等，需要由專業的技術人員來負責特殊儀器的操作。

進行一個外科手術大約需要 10 人左右（視狀況而有不同），包括在第一線接觸無菌區的外科醫師 1 位、助手醫師 2～3 位、刷手護士 2～4 位，以上三種角色必須刷手（刷洗並消毒雙手），穿戴無菌衣和手套，而在無菌區之外則有麻醉醫師 1～2 位、麻醉護士 2～3 位、流動護士 1 位。

在電腦協會的聚會裏，你經常會聽到年輕的軟體專案經理宣稱，他寧願帶領由頂尖好手所組成的短小精悍團隊，也不要百來個二流角色所組成的團隊。我們當然也是這樣。

但以上的說法並未考量到另一個棘手的問題——如何在一個合理的時程之內完成一個大系統？讓我們仔細地探討這個問題。

問題

專案經理很早就知道就生產力而言，程式設計師好壞之間的差異相當大，實際上的量測數據也讓我們大吃一驚，在 Sackman、Erikson 和 Grant 等人所做的研究中，他們曾經對某個團隊進行工作表現的量測，這支團隊是由有經驗的程式設計師所組成的，結果發現，生產力最好和最差的比率平均大約是 10：1，而寫出來的程式，若以執行的速度與運用的記憶體空間來評分的話，最好和最差的比率是令人吃驚的 5：1。簡而言之，年薪 2 萬美元的程式設計師，其生產力可能要比年薪 1 萬美元的程式設計師要好上 10 倍，反之亦然。資料上也顯示，經驗和表現好壞之間並沒有任何關聯。（我懷疑是不是普遍都是這樣。）

我之前就提到過，參與合作的人數會影響投入的成本，而這項成本最主要的部分就是溝通，以及導正因傳達不清所造成的不良影響（系統除錯），這意思就是說，你最好盡可能用最少的人來完成專案。事實上，絕大多數大型軟體系統的經驗顯示，使用一堆人蠻幹的方式最耗成本、最慢、最沒有效率，所做出來的系統在概念上也最不完整，OS/360、Exec 8、Scope 6600、Multics、TSS、SAGE 等等——這樣的例子不勝枚舉。

　　結論很簡單：如果一個 200 人的專案團隊，是由 25 個最能幹的管理者與一群有經驗的程式設計師所組成，那麼就解散那 175 個傢伙，並把那 25 個管理者踢下去寫程式。

　　我們現在就來探討一下上述做法。一方面，這團隊並不符合短小精悍的條件，典型的條件就一般的認知來說，是以不超過 10 人為原則。這團隊已經大到至少需要兩個管理層級或是五個左右的管理者，它也需要額外增加掌管財務、人事、場地和文書方面的支援，以及機器操作員。

　　另一方面，這支 200 人的團隊還沒有大到能用多人蠻幹的方式去建造真正大的系統，以 OS/360 為例，尖峰時期曾超過 1,000 人為它工作——程式設計師、文書編寫員、機器操作員、助理、祕書、經理、支援小組等等，從 1963 到 1966 年間，大約有 5,000 個人年（man-year）的工作量投入到這個系統的設計、建構和文件撰寫的工作上，如果我們假設人力和工時可以互換的話，這 200 人的團隊將花 25 年的時間，才能把這個產品做到像現在這個水準！

　　於是，那種短小精悍團隊的問題出來了：開發真正大的系統就太慢了。想想如果 OS/360 用這種短小精悍的團隊來開發的話，假設這種 10 人團隊，因為他們頂尖，讓他們無論在寫程式或寫文件方面的生產力都是二流程式設計師的 7 倍，又假設 OS/360 用的都是二流程式設計師（這當然跟事實差距很遠）。還有另一個因素，亦即他們是小團隊，所以溝通的代價較少，假設這方面所增加的效益也是 7 倍，再假設這同一支團隊一直待到他們把所有的工作都做完為止。好，$5,000/(10 \times 7 \times 7) = 10$，這 5,000 人年的工作他們得做十年。十年後，這產品還會吸引人嗎？還是早就因為軟體技術的快速發展而落伍了呢？

　　要同時兼顧工作效率與概念整體性（conceptual integrity），這實在是兩難。你喜歡只採用幾個優秀的腦袋瓜來進行設計和創作，然而面對大系統，你卻需要一個能夠投入更多人力的方法，以使產品在時效之內能完成。這兩種要求要如何兼顧呢？

Mills 的解決方案

Harlan Mills 提出了一個嶄新而具創意的解決方案，[2,3] 他建議大系統中的每個小部分都分別交由一個團隊來負責，而各個團隊則被組織成外科手術團隊（surgical team），而非屠夫團隊（hog-butchering team），也就是說，並非每個成員都親自下去拿手術刀解決問題，取而代之的，是只由一個人操刀，而其他人則扮演支援性的角色，增進那個操刀者的效率與生產力。

　　如果這項概念能夠實施，稍微思考一下便能發現這個做法頗為符合我們的需要。只由少數人負責從事設計與創作的工作，但是有一大群人支援他們，行得通嗎？在這種團隊之中，誰是麻醉師、誰是護士、工作又該如何切分呢？假如把層面擴大到盡可能將所有支援的角色都納進來，我可以藉由一些比喻，來說明這種團隊的運作情形。

外科醫師（surgeon）　Mills 稱之為首席程式設計師（chief programmer）。他負責定義功能上和效能上的規格、設計程式、編寫程式、測試程式，並撰寫文件。他使用 PL/I 之類的結構化程式設計語言（structured programming language），並且擁有實質上的存取權來使用一套電腦系統，在這套電腦系統上，不僅可以進行測試，也保存了程式的不同版本，允許簡易的檔案更新，也為文件的撰寫工作提

供了文書編輯的功能。他必須要有過人的天分、十年的工作經驗,以及豐富的系統與應用知識,不論是在應用數學、商業資料處理,或其他任何方面。

副手(copilot) 他相當於外科醫師的分身,能夠做任何外科醫師做的事,只是經驗較為缺乏。其主要職責,就是在設計時擔任出主意、參與討論、評估的角色,外科醫師可以把一些構想交給他去嘗試,但不盡然要接受他的意見。副手常常代表外科醫師去開會,和別的團隊討論功能、介面等事宜,他對所有的程式也都很熟悉,並研究其他不同的設計方法,當外科醫師遭遇不測,他無疑是個備胎,他甚至也會寫一點程式,但並不對任何程式負責。

行政助理(administrator) 外科醫師是首腦人物,對人員的調度、升遷、場地等等有最後的決定權,但他必須盡可能不被這些庶務給牽絆住,所以需要一位專門的行政助理,來幫忙處理財務、人事、場地、裝備,以及對外的一切行政事務。Baker 建議,除非專案與顧客之間在法律、合約、報表或財務方面的確有實質上的需要,否則,行政助理不需要全職,一位行政助理可以同時處理兩個團隊的行政工作。

文書編輯(editor) 外科醫師有製作文件的責任──盡他最大的可能把文件寫清楚,無論是內部或對外文件。文書編輯負責擬稿,筆錄外科醫師的口述指示,然後加以潤飾、編纂、加上參考文獻與目錄,處理文件的改版,並監督整個製作文件的過程。

兩位祕書(secretary) 行政助理和文書編輯都各需要一位祕書,行政助理的祕書負責處理專案的協調事宜,以及與產品無關的文件。

程式助理（program clerk）　這個角色要負責維護團隊在軟體產品程式庫（programming-product library）中所有技術上的紀錄，他被訓練成像祕書一樣，不論是供電腦執行的檔案，或是供人員溝通用的文件，都是其職掌範圍。

所有的輸入資料在餵給電腦執行之前，都必須先透過程式助理，視需要登記並納入管制，而輸出資料到最後也都要交給他歸檔並設定索引。任何模型的最新執行狀況都記錄在狀態日誌中，較早的日誌就按照日期的先後順序予以歸檔。

Mills 提出了一個至為重要的觀念，他認為程式設計是「將個人技藝化為團隊合作成果」的轉換過程，電腦所有的執行情形對所有的團隊成員都是公開的，所有的程式和資料也都視為團隊的資產，而非個人的私藏。

程式助理的專業職責就是分擔程式設計師的一些例行性工作，並保證在一定的效率之下，很有條理地處理一些容易忽略的瑣事，並強化整個團隊最珍貴的資產——工作產品。當然，前面所說的做法都是基於整批（batch）處理的概念，如果使用的是交談式終端機（interactive terminal），特別是它的輸出並非是從印表機上直接列印出來（hard-copy），也不代表我們不需要程式助理，只是工作的方式改變了。現在，每當個人工作的版本納入到團隊程式的版本時，他就得更新改版紀錄，所有在整批處理時代所該做的事，他仍然都要做，同樣是在產品持續擴展的過程中掌控產品的整體性（integrity）和有效性（availability），只不過是改為使用他自己的交談式工具來做這些事。

工具專家（toolsmith）　檔案編輯、文書編輯，以及交談式除錯

（interactive debugging），這些服務設施在今天都是很容易辦得到的，所以，現在的開發團隊很少還需要擁有自己的機器，或是需要成立特別的機器操作小組，但是，這些服務設施仍然必須準備妥當，並且讓人滿意、覺得可靠才行。服務設施是否足夠，以外科醫師一人的判定為準，他需要一位工具專家來負責，以確保擁有充分的基本服務設施，並建立、維護、更新特殊工具——多半是交談式電腦工具——只要是他的團隊用得著。不論任何集中式的服務設施有多棒、有多可靠，每個團隊還是需要擁有一位屬於自己的工具專家，他的工作是視他的外科醫師需要什麼或想要什麼而定，不必考慮其他團隊的需要。這位工具建造者將會常常製作他們專用的工具程式、一系列經過分類整理的函式與巨集庫。

測試員（tester）　外科醫師需要一個充足的測試案例（test case）資料庫，以用來測試他所寫的程式片段，並供後續的整合測試之用，因此，測試員不但要擔任對立者的角色，根據規格來設計測試案例，同時也是協助者的角色，為日復一日的除錯工作來設計測試資料。他也負責規劃測試程序，建立供組件測試之用的鷹架（scaffolding）。

語言專家（language lawyer）　隨著 Algol 語言的出現，大家開始觀察到，在大多數的電腦設備上頭，總會有一、兩個人特別樂於在那裏鑽研程式語言的奧妙，這些專家被證實是非常有用的，大家也都喜歡向他們請教。他們的天分和外科醫師不同，外科醫師專攻系統設計，著重在系統的外在呈現方式（representation），而語言專家則可以為你找出語言方面最簡潔有效的方法，以解決棘手、模糊、技巧性的問題。通常他需要做一些小規模的研究（花個兩到三天），以掌握某些好的技術。一位語言專家可以同時為兩到三位外科醫師提供服務。

　　這，就是將 10 個人良好劃分，個別扮演不同的專業角色，以外科手術的模式所建立的軟體專案團隊。

運作方式

這種團隊在幾個方面都正符合了我們的迫切需要。這十人之中，有七位是屬於專業技術人員，共同合作解決問題，但整個系統實際上是出自於一個腦袋的產物 ── 或最多兩個，大家的行動是同心一致的。

　　注意兩位程式設計師同在一個團隊裏的不同做法。首先，傳統的團隊是將工作平分，兩位程式設計師個別負責一部分的設計和實作，而外科手術團隊，則是外科醫師和副手兩人都對所有的設計和程式碼很熟悉，這可以省掉配置空間、磁碟存取等等的麻煩，也可以確保工作成果的概念整體性。

　　其次，就傳統團隊裏的成員而言，他們的地位都是對等的，所以因決策的衝突而必須進行溝通和妥協是不可避免的，又因為工作與資源都需要切分，所以這些決策的衝突都會集中在整體的策略與介面上，而且是由不同的個人喜好混合而成 ── 例如，可能某個人負責的記憶體會妥協用來做為緩衝空間（buffer）。然而，在外科手術團隊中，不允許不同喜好，完全統一由外科醫師一個人做決策，於是這兩個與傳統團隊的不同點── 不切割問題、主從關係──使外科手術團隊是同心一致的。

　　另外，團隊中其他成員的專業分工，也是促成整個團隊能夠運作得非常有效率的關鍵所在，因為這群人的溝通模式變得非常簡單，如圖 3.1 所示。

　　在 Baker 的文章中提出了一份報告，[3] 那是有關於針對外科手術

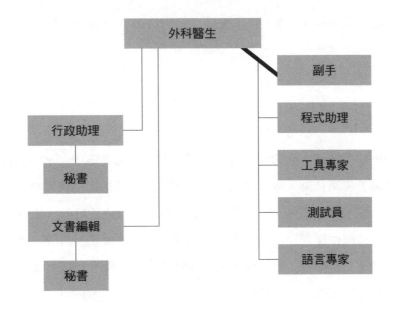

圖 3.1　10 人軟體開發團隊的溝通模式

團隊所做的一個獨立、小規模的驗證，其結果與上述的預期相吻合，而且效果出奇的棒。

擴大規模

截至目前為止都還不錯，但是別忘了我們的問題是如何開發 5,000 人年的大東西，不是 20 或 30 人年的小玩意，只要整個工作看得到盡頭，一個 10 人的團隊不論如何組織都會很有效率，但是外科手術團隊的概念要如何擴展應用在幾百人一起合作的大系統呢？

　　擴大規模（scaling up）的過程是否能夠成功，端看系統各個片段的概念整體性是否能夠再加強──我們已經將擁有設計決定權的人數降至七分之一，所以，就一個 200 人參與的專案而言，只要那 20 個

外科醫師能一起合作的話就行。

　　但是，一談到合作，就勢必有工作切分的問題，切分的技術會在後續的章節中討論，這裏只做簡單的說明，也就是整個系統必須具備概念整體性，而這需要一位系統架構設計師由上到下進行全部的設計，為了要讓這樣的工作易於掌控，就必須在架構（architecture）與實作（implementation）之間做出明確的區分，系統架構設計師必須要求自己只專注在架構部分，而這樣的角色與相關的技巧已被證實是可行的做法，事實上，這做法是極具生產力的。

4
專制、民主與系統設計
Aristocracy, Democracy, and System Design

4
專制、民主與系統設計
Aristocracy, Democracy, and System Design

這個大教堂是個無與倫比的藝術結晶，一點也不會讓人有乏味和混亂的感覺……

它是風格的極致。歷代的藝術家們完全領會並將先人的成功經驗融會貫通，完整保有了屬於他們那個時代的技巧，沒有任何地方顯現出一丁點的不當或多餘。

這就是 Jean d'Orbais 的傑作，他的設計理念，至少在本質上，一直被他的後繼者所遵循。這就是為什麼這棟建築能展現如此統一與和諧的原因。

REIMS 大教堂導覽手冊[1]

Emmanuel Boudot-Lamotte 攝影

This great church is an incomparable work of art. There is neither aridity nor confusion in the tenets it sets forth. . . .

It is the zenith of a style, the work of artists who had understood and assimilated all their predecessors' successes, in complete possession of the techniques of their times, but using them without indiscreet display nor gratuitous feats of skill.

It was Jean d'Orbais who undoubtedly conceived the general plan of the building, a plan which was respected, at least in its essential elements, by his successors. This is one of the reasons for the extreme coherence and unity of the edifice.

REIMS CATHEDRAL GUIDEBOOK[1]

［譯註］

Reims 大教堂位於法國東北部的香檳區（Champagne），幾乎歷代法蘭克國王的加冕典禮都在這裏舉行，它屬於歌德式（Gothic）建築，其特色是：尖拱（pointed arch）、肋筋（vault rib）、飛扶壁（flying buttress）、彩繪玻璃窗（rose window）。這座教堂外部高聳，這在宗教上具有接近上帝的象徵意涵，內部寬闊，散發出一股神祕壯麗、恍如置身天堂般的氣氛。

概念整體性

大部分的歐洲教堂都各有風格——不同時代、不同建築師規劃出來的結構便不相同。較後期的建築師都會企圖「改進」早期的建築，這反映了風格的變化與個人品味的不同，於是靜謐的諾曼式翼廊（Norman transept）會與高眺的歌德式正殿（Gothic nave）緊緊相鄰，這當然是不搭調。每個建築師都展現出他特有的自豪與驕傲，彷彿要與上帝的榮耀爭輝。

相反地，Reims 大教堂在建築的整體和諧性上，就與其他教堂截然不同，它在設計上的統一不同於其他教堂專門突顯某些獨特部分，這種與眾不同的趣味，正是吸引人們前來一睹風采的原因。如同導覽手冊中所述，其整體性歷經八代的建築師而維持不變，每一代建築師都為了整體性而放棄了一些個人的想法，期望這樣能為整個教堂維持住最純粹的設計。結果顯示，Reims 教堂不但是上帝的榮耀，其偉大實足以讓其他驕傲的建築師相形失色。

軟體工程並不用像蓋教堂一樣要花好幾世紀的時間，但是，因概念的不統一而造成問題的情況，卻遠比蓋教堂還糟，這肇因於我們往往不採用主設計師的一系列想法，而是把設計這件工作切割成好幾個部分，然後分配給一群人去做。

我主張在系統設計時，保有概念整體性（conceptual integrity）是最重要的原則。寧可忽略掉某些新奇或更好的特色，來反映同一組設計理念，也不要蒐羅了一大堆很棒，但彼此無關或合不來的構想。本章和接下來的兩章，我們將探討並回答有關系統設計的幾個問題：

● 如何達成概念整體性？

- 這是否是身為一個架構設計師（architect）的菁英或貴族，和一大群擁有創意但天分與想法卻被壓抑的實作人員（implementer）之爭？
- 如何防止其他的架構設計師訂出不可行或代價高昂的規格，造成原有概念偏移到遙遠未知之處？
- 如何確保架構規格的每一個細節都能與實作人員充分溝通，並準確地讓他們了解，使意念真正融入到產品之中？

達成概念整體性

開發軟體系統的目的就是使電腦易於使用，為了達到這個目的，軟體系統提供了語言和各種工具，事實上，這些工具就是被執行的程式，並且受到語言的控制。工具的便利性是要用一些代價換來的：軟體的使用說明會比電腦硬體的使用說明複雜十到二十倍，使用者會發現，如果軟體提供的功能越多，雖然使用起來會越便利，但相對地，也必須花越多的功夫去選擇並熟記各種選項和格式。

只有當功能增強所節省下來的時間超過學習、記憶和查閱手冊所耗費的時間，電腦的使用便利性（ease of use）才會提升，以現代軟體工程來說，這方面的確是獲益大於所付出的成本，但最近幾年，似乎是複雜的功能越加越多，而獲益成本比（ratio of gain to cost）卻隨之越低。我現在對 IBM 650 的使用便利性還念念不忘，雖然它甚至連組譯器都沒有提供，也沒有搭配任何其他的操作軟體。

[譯註]

IBM 650 屬於第一代電腦，基本電路元件為真空管，是個必須安裝在冷氣房裏的龐然大物，它僅支援機器語言，而無作業系統。附帶一提，1961 年，交大電子系引進的國內第一部電腦就是 IBM 650 。

　　由於目的是使用便利性，所以功能概念複雜度比（ratio of function to conceptual complexity）才是系統設計的最終測試標準，好的設計既不可單獨偏重功能性，也不可只偏重簡單性。

　　可是了解這一點的人並不多。當 OS/360 完成時，開發人員為此慶祝歡呼，認為這是他們曾經做過最棒的系統，因為這個系統無疑擁有最多的功能，設計人員總是以功能性來評判系統的優劣，而非簡單性。另一方面，當 PDP-10 的分時系統（Time-Sharing System）完成時，開發人員也慶祝歡呼了一番，這次卻是因為它單純與精簡的概念，然而，不論從哪個角度來看，都顯示它的功能甚至連 OS/360 的等級都達不到。總之，一旦將使用的便利性納入考量，這兩個例子似乎都無法取得均衡，僅能算是達到了真正目標的一半。

　　如果系統要提供的功能已經確定了，那麼最好能夠讓使用者用最簡單、最直接的方式來使用這些功能，所以只考慮簡單性（simplicity）還不夠，就像 Mooers 的 TRAC 語言和 Algol 68 ，雖然以個別的基本概念數目來衡量的話，它們算簡單，但是，它們卻不夠直接（straightforwardness），使用者操作的時候，常常很難想到，或是必須很複雜地組合一堆基本功能，才能達到他想要做的事。所以，若只提供基本功能和組合這些功能的規則，還稱不上是簡單便利，你必須讓使用者養成固定的使用習慣，也就是為這些功能提供一整套同一系列

的操作方式。想要同時達到簡單與直接的要求,就得從概念整體性著手,每個部分都必須反映出這樣的理念,並取得各方面需求的平衡,在語法(syntax)上,每個地方都是用相同的技巧,在語意(semantic)上,用的都是類似的觀念。總之,便利性是好是壞,就看設計是否和諧,也就是概念整體性。

專制與民主

要達成概念整體性,換句話說,這意味設計必須出自於一個人的想法,或是極少數人的一致決定。

　　然而,時程的壓力卻迫使系統的開發工作必須由更多人來一起合作,有兩個技術可以用來解決這兩難的問題。第一個是小心地把工作切分成架構(architecture)與實作(implementation)兩部分,第二個就是上一章所提到的外科手術團隊。

　　對大型專案來說,將架構設計獨立於實作之外是取得概念整體性強而有力的方法。IBM Stretch 電腦和 System/360 電腦的產品線是我曾經見識過這方面非常成功的例子,我也看到了 OS/360 因為沒有這麼做而得到了失敗的教訓。

　　所謂一個系統的架構,我指的是使用者介面完整而詳細的規格。對電腦來說,就是程式設計手冊;對程式編譯器來說,就是語言手冊;對控制程式來說,就是語言或功能操作手冊;對整個系統來說,就是當使用者要使用這個系統時,他必須查閱的手冊的全部集合。

　　一個系統的架構設計師,就好像一棟房子的建築師一樣,是使用者的代言人,他的工作就是運用專業的技術和知識去為使用者真正的利益著想,而不是去考慮我們的推銷員、裝配員的喜好。[2]

架構必須小心地與實作區分出來，就像 Blaauw 所說：「架構旨在說明做什麼，而實作則是說明如何做。」[3] 他舉了一個簡單的例子來說明，一個鐘，它的架構包含了鐘面、指針、發條旋鈕，當一個小孩子學會了鐘的架構，對他而言，從手錶看時間跟從教堂高塔上的鐘看時間是一樣簡單的事情，然而，實作就不同了，實作是講如何具體實現（realization），描述的是鐘的內部如何運作——用哪些機制產生動力，以及如何做精確的控制。

以 System/360 為例，在同一個電腦架構下，它大概有九個實作方式完全不同的機型。另一方面，Model 30 的資料流（data flow）、記憶體與微程式碼（microcode）這一套實作方式，則在不同的時機實現了四種不同的架構：System/360 電腦、一個在邏輯上具有將近 224 個子通道的多工通道（multiplex channel）、選擇器通道（selector channel）、IBM 1401 電腦。[4]

[譯註]

IBM 公司為 System/360 規劃了一系列不同的機型：Model 20 、Model 30 、Model 40 、Model 50 、Model 60 、Model 62 、Model 67 ……等等，從效能最差、最便宜到效能最佳、最貴，雖然分這麼多等級，但這些機型的外觀統統都一樣，操作方式也彼此相容，只是內部的實作方式按等級做了調整。客戶可以視需要與預算來選擇適當的機型，而且拜單一架構之賜，使用者介面不會變，所以客戶未來想要升級時，門檻也很低，這是當時 System/360 的一個很大的賣點。

相同的劃分方式一樣可以應用在軟體系統上，例如美國標準 Fortran IV ，就是為眾多編譯器所制定出來的架構，在此架構下，便

有許多實作的可能：本文含入記憶體（text-in-core）或編譯器含入記憶體（compiler-in-core）、最快編譯（fast-compile）或最佳化編譯（optimizing）、語法導引（syntax-directed）或轉譯體系（ad-hoc translation scheme）。同樣地，對任何組合語言或工作控制語言（job-control language）而言，也都有可能以不同的實作方式來開發出組譯器或排程器（scheduler）。

　　現在，我們可以開始討論較具爭議性的問題了，也就是專制與民主之爭。架構設計師是新時代的貴族，是菁英份子，只要把一切都計畫好之後，告訴又笨又可憐的實作人員照著去做，對嗎？所有的創作活動都歸這些菁英份子所有，其餘像是機器裏小齒輪一樣的東西就留給實作人員，對嗎？取消只由少數人制定規格的限制，改為採用民主的理念，藉由整個團隊的參與來得到好點子，這樣能創造出更好的產品嗎？

　　針對最後一個問題，答案很簡單，但我的重點並不是要去爭論是否只有架構設計師才會有好的架構點子，沒錯，一些嶄新的構想往往出自於實作人員或使用者，然而，過去的經驗告訴我，也是我一直都在強調的，就是使用便利性的好壞是基於系統的概念整體性，若不能與系統的基本概念相容，即使這個特色或構想再好，最好還是放棄它，如果實在有太多重要的構想和基本概念都不相容，那麼就乾脆放棄整個系統另起爐灶，改採其他不同的基本概念來追求一個完整的系統比較好。

　　針對是否必須專制的質疑，答案可為「是」或「不是」。說是，那是因為架構設計師的數量本來就不能太多，他們工作成果的生命週期一定要比實作人員的工作成果延續得更久才行，而且架構設計師終究要站在使用者的利益上解決問題，他正處於這方面的核心地位，如

果系統必須保有概念上的整體性，那麼就必須有人來控制這些概念，這就是需要專制的原因，無庸置疑。

說不是，則是因為實作上的設計工作跟制定外部規格（external specification）相比，不見得就是沒有創意的工作，只是發揮創意的類型不同罷了。架構確定之後，實作上的設計同樣需要創意，也允許更多新點子，它和外部規格的設計工作都一樣需要許多技術上的才華。事實上，產品的成本效能比（cost-performance ratio）是非常仰賴實作人員才能夠提升的，這跟使用便利性得仰賴架構設計師的道理是一樣的。

其他還有許多藝術或傳統手藝方面的例子使我們相信，約束對藝術而言是件好事（discipline is good for art），事實上，有句藝術家的名言是這麼說的：「形式就是解放（Form is liberating）。」把預算給得太多，甚至超過需要，蓋出來的就是最糟的房子。巴哈（Bach）每個禮拜都必須做出形式嚴謹的清唱劇（cantata），但這並沒有限制了他的創作才華；我確信如果當初有更嚴格的規範的話，Stretch 電腦的架構應該會更好；我也認為 System/360 Model 30 的有限預算對 Model 75 的結構有很大的正面影響。

［譯註］

巴哈（J. S. Bach, 1685 ～ 1750），德國作曲家，擅長以傳統手法創作音樂，常常把傳統的讚美歌曲調，即興彈奏成更新穎華麗的版本。「清唱劇」是教會用來教導民眾了解《聖經》的方式，所以形式非常嚴謹，但是巴哈創作的清唱劇卻常常讓教堂裏的牧師受不了，因為聽了之後會讓人們只顧著沉醉在音樂之中，而忘了思考神的旨意。

　　同樣地，我觀察到把架構的外部規格制定出來，事實上反而會增進實作小組的創意風格，而非貶損，他們可以立即專注於真正尚未處理的問題，創意的發揮也隨之開始。一個沒有賦予任何限制的實作小組，就會引發很多跟架構有關的不同想法或爭論，而真正的實作自然也就不會成為關注的部分。[5]

　　這種現象我已經見過許多次了，而且也被 R. W. Conway 證實，他在康乃爾大學帶了一個小組，負責開發 PL/I 語言的編譯器 PL/C，他說：「我們最後決定有關語言的東西統統都不要改、不要動，為了語言的不同意見，光是爭論就耗掉了我們所有的精力。」[6]

在架構設計完成之前，實作人員要做些什麼？

現在要說的是一個令人慚愧、但非常值得引以為戒的經驗，這個錯誤造成了相當於幾百萬美元的損失。我還很清楚地記得那天晚上，我們敲定了 OS/360 外部規格文件的組織與具體寫法，架構設計經理、程式實作經理和我一起擬定計畫、時程和責任分工。

　　那位架構設計經理有 10 個優秀的部屬，他聲稱他們能把規格寫出來，並且按照這份規格正確地執行，但是要花上十個月的時間，這比時程所允許的還多出了三個月。

　　那位程式實作經理則有 150 個部屬，他聲稱他們也可以完成那份規格制定的工作，只要架構設計小組一起配合就行，他們會幹得很好，而且能在時程之內完成。更何況，如果這份工作交給架構設計小組來做，那他手下的 150 個部屬將會一連十個月坐在那邊無所事事玩手指頭。

　　對此，架構設計經理的反應是，如果我把這份工作交給程式實作

小組來做，最後並不會準時完成，照樣會延誤三個月，而且品質會更差。這真的是事實，而我竟然真的做了這樣的決定，後果也真的完全如架構設計經理所料。此外，由於缺乏概念整體性，使系統的開發或修改耗費了更多的成本，並且，我估計還得再花一年的時間去除錯。

當然，造成這項錯誤的原因還有很多，但是最關鍵的就是時程，以及為了想讓那 150 個程式設計師有事可做。我現在要揭露出那其實是個造成致命災難的想法。

架構設計小組是由少數人所組成的，當他們提出能為系統寫出所有外部規格的時候，這群實作人員提出了三項反對理由：

- 規格會因此而過份偏重於功能性考量，不會反映實際上對成本方面的影響。
- 架構設計師將攫取所有的創作樂趣，不讓實作人員有發揮創意的空間。
- 當規格的制定工作交給架構設計小組之後，一定會造成許多實作人員沒事可做。

第一項確實是個問題，我們將在下一章討論，另外兩項都是很單純的誤解。就像之前已提到過的，實作一樣是非常需要創意的工作，在實作過程中，施展創造力的機會並不會因為外部規格已被人制定而減少，甚至在此限制之下會有更多的發揮空間，就整個產品的觀點來看，確實如此。

第三項其實是時程和開發階段先後順序的問題，最簡單的做法就是先不要成立實作小組，直到規格已經完成之後再找人，蓋房子也都是這麼做的。

在軟體工程的領域中，變化的腳步很快，我們必須盡可能地節省

時程，然而，規格制定和實作這兩者在時程上能有多少重疊呢？

　　就像 Blaauw 所指出的，整個創意工作包含了三種不同的型態：架構設計、實作和實現，這顯示出這三者事實上是可以同時開始和並行的。

　　以電腦設計為例，手冊中是不是有矛盾的地方、技術上的構想是否明確、成本效益的目標是否定義清楚，實作人員都可以從這些地方切入。他可以開始設計資料流、控制流程，以及粗略的概念呈現等等，他也可以從設計或熟悉他會用得到的工具開始著手，特別是紀錄保存系統（record-keeping system）和設計自動化系統（design automation system）。

　　這期間，實現方面的工作，像是電路、介面卡、接線、機殼、電源供應器、記憶體都必須設計完成、精煉（refine）過，並且寫好文件，這些都是可以和架構設計與實作同時並行的。

　　這種做法同樣適用於軟體系統的設計。早在外部規格完成之前，實作人員就有一堆事情可做，只要先對外部規格即將制定的系統功能粗略估計一下，他就可以開始做下去了。他必須好好定義一下空間和時間的目標，也必須弄清楚產品運作時所必須設定的系統組態（configuration），然後他可以開始設計模組介面、資料結構、編譯流程、演算法，以及各種工具，有時還必須花些時間和架構設計師溝通。

　　這期間，實現方面一樣有很多事情可做。寫程式也有其專門技術，如果電腦是新機種，可做的事情就有副程式的用法、監控技術、搜尋和排序演算法等等。[7]

　　要達成概念整體性，真的是有賴於讓系統反映出單一的理念，使用者介面的規格必須出自於少數人的構想。雖然將人力切分為架構設

計、實作和實現三部分，但並不意味這麼做就會花掉更多的時間，由
經驗可知剛好相反，整個系統的設計不但進行更快，而且花在測試的
時間會比較少。效果是，垂直分工將大幅減輕水平分工所產生的負
擔，其結果也將大幅簡化溝通，並且增進概念整體性。

5

第二系統效應
The Second-System Effect

5
第二系統效應
The Second-System Effect

加一點點，加一點點，最後變成一大坨。

奧維德

Adde parvum parvo magnus acervus erit.
[*Add little to little and there will be a big pile.*]

OVID

空中交通旋轉塔，版畫，巴黎，1882 年
From *Le Vingtième Siècle* by A. Robida

奧維德（Ovid ，西元前43 年～西元 17 年），古羅馬詩人。本章的開場白，換句話說就是「聚沙成塔，滴水成河」。

空中交通旋轉塔上，不知怎麼的多蓋了許多跟空中交通無關的東西，塔上有人在欣賞風景、曬太陽、看閒書、放風箏，不但有花園、別墅，甚至還有狗窩和鳥籠。

架構設計的責任是制定功能規格，實作的責任是建造出更快、更便宜的產品，如果把架構設計獨立於實作之外，有什麼規範可以避免架構設計師的創造熱情過了頭呢？

最基本的答案就是：架構設計師和實作人員之間充分、仔細而和諧的溝通，儘管如此，還有一些更深入的想法值得我們注意。

與實作人員互動的規範

蓋房子的建築師看預算辦事情，他會先預估成本，等承包商的報價出來後再進行確認或修正，由於報價往往都會超過預算，所以，接下來就得向上修正之前的預估，並在下一期的工程中刪掉一些原先的設計。他也可能會提出一些建議，以使承包商用比報價更便宜的施工方式來達到他原先設計的要求。

類似的過程，同樣會發生在電腦或軟體系統的架構設計師身上，所不同的，是架構設計師擁有一項優勢，亦即在早期從事設計的任何時候，他都可以從承包商那裏得到報價，幾乎只要問，就能得到答案。然而對他不利的，則是通常只會有一位承包商跟他一起工作，而這位承包商可能會隨自己對設計上的喜好來影響架構設計師對成本的估計。實務上，越早進行持續性的溝通，可以使架構設計師具有良好的成本概念，而實作人員也會對設計較有信心，不會模糊了個自的責任分工。

當預估的成本太高時，架構設計師有兩種選擇：刪減設計，或提出更便宜的實作方式來質疑實作人員。就後者而言，基本上是個很容易引起情緒性爭議的作為，因為這是架構設計師在挑戰實作人員的工作方式。如果要成功，架構設計師必須：

- 記住實作人員有發揮創意完成實作的責任，所以架構設計師只能建議，不能命令。
- 在建議時，永遠只提出一個能夠符合規格的實作方式，同時也接受其他能夠達到目標的方案。
- 默默地，私底下提出建議。
- 準備為提出的建議付出喪失信任的代價。

一般來說，實作人員會持反對意見，並提出修改架構的建議，而這往往是對的──因為當實作工作很繁重的時候，一點點小小的功能增加，都可能導致無法預期的巨大成本。

自律──第二系統效應

架構設計師的處女作都有簡單清爽的傾向，他知道自己對正在做的事情還不夠了解，所以就小心地做，非常節制。

在設計第一個系統的過程中，他腦袋裏會不斷地冒出一個又一個的新奇構想，這些都會先擱著，好留著「下次」用。終於，第一個系統完成了，此時，由於架構設計師對這類型的系統已瞭若指掌，所以他以堅定無比的信心，對第二個系統躍躍欲試。

就一個人所做過的設計而言，第二個系統是最危險的系統。當他做第三或之後的系統時，之前的經驗會相互印證，以確認出這類系統的一般性特色，而系統彼此之間的不同處，也會幫助他辨別出屬於特殊和非通用的部分。

一般來說，第二系統都傾向於過度設計，那些在第一次設計時小心地擱在一旁的花俏點子統統被納進來了，結果就如同 Ovid 所說

的，變成了「一大坨」。以 IBM 709 的架構為例（這架構後來也用在 IBM 7090 上），它是升級版，也就是非常成功與簡潔的 IBM 704 的第二系統，它所提供的功能實在是太多、太豐富了，以致於大概只有其中的一半是常用的功能。

[譯註]

IBM 709 和 IBM 7090 是同一份架構，差別在於 709 用的是真空管，而 7090 用的是電晶體。709 和 704 擁有相同的基本架構，只是 709 比 704 多出了許多在輸出入和效能上的加強。

另一個更為鮮明的實際案例是 IBM Stretch 電腦，它在架構設計、實作，甚至實現階段，都淪為許多人發洩創意的管道，彷彿他們的創造力已被壓抑了很久似的，原因就出在對大部分的這些人而言，Stretch 電腦是他們的第二系統。如同 Strachey 所做的評論：

我對 Stretch 的感想是，就某方面而言，它是空前絕後的，就像一些早期的電腦程式，非常有創意、非常深奧、非常有效，但不知怎麼的，我也覺得它非常粗糙、浪費、不優雅，使人感覺到一定有方法能把它做得更好。[1]

對大部分 OS/360 的設計人員來說，它也是個第二系統，設計成員分別來自 1410-7010 磁碟作業系統、Stretch 作業系統、Project Mercury 即時系統、給 7090 用的 IBSYS 作業系統等等，幾乎沒有人擁有兩個上述系統的發展經驗，[2] 所以 OS/360 可稱得上是一個最佳的第二系統效應範例。Strachey 從正反兩面對 Stretch 電腦所做的評論，同樣可以用在它身上。

　　例如，OS/360 就提供了一個大小為 26 位元組的日期轉換常駐程式（permanently resident routine），專門用來處理閏年的十二月三十一日（第 366 天），其實，這留給操作員來做就可以了。

　　除了做些功能上的修飾之外，第二系統效應還有另外一項特徵，那就是傾向於將之前已熟悉的技術發揮到淋漓盡致，但卻沒有留意到，這項技術早就跟目前專案的基本系統假設有衝突而不再適用，OS/360 有好多這樣的例子。

　　以連結編輯器（linkage editor）為例，它原來是設計用來載入各個通過編譯的程式，並解出其交互參用（cross-reference）的關係，但除了這項基本功能之外，它也可以處理程式的重疊（overlay），那是當時最棒的重疊工具之一，在連結時期，允許重疊結構在外部定義，不需設計在程式碼中，也允許每次執行時都可以改變重疊結構，而不必重新編譯，此外，還提供了豐富的選項與機制，簡直是達到了這些年來靜態重疊（static overlay）技術發展的巔峰。

　　然而，它也是碩果僅存的恐龍，忘記了它是處在一個運作方式為多元程式（multiprogramming）的系統，動態記憶體配置（dynamic core allocation）是其基本假設，而這跟靜態重疊的做法是完全衝突的。假如把花在重疊的功夫拿去加強動態記憶體配置，使動態交互參用的機制執行得更快，該有多好！

　　更糟的是，這個連結編輯器會佔掉許多記憶體，而且，即使是只需要單純的連結功能而不想重疊的時候，它自己本身卻還有許多重疊。它比其他大部分的系統編譯器都還要慢，諷刺的是，這個連結器有個目標竟然是避免重新編譯。活像一隻大腹便便的溜冰選手，直到這系統的假設已經要貫徹了，玩不下去了，不然它還在那裏一直在力求精進。

　　TESTRAN 除錯工具是另一個具有這方面傾向的例子。它是整批除錯（batch debugging）工具的佼佼者，提供了很棒的記憶體即時擷取（snapshot）和傾印（dump）功能，它運用控制區段（control section）的概念和巧妙的產生器（generator）技術，在不需要耗費解譯代價（interpretive overhead），也不需要重新編譯的情況下，允許選擇性的追蹤和即時擷取，這次的創意構想是在 709 的 Share 作業系統[3] 上開的花，而跑到這裏結的果。

　　然而就在此時，不需重新編譯的整批除錯概念已經落伍，所面臨的挑戰是交談式電腦系統（interactive computing system）所用的語言解譯器（language interpreter）或漸進式編譯器（incremental compiler）。就算是在整批系統上，因快速編譯／馬上看執行結果（fast-compile/show-execute）這種編譯器的出現，也已使得程式碼等級的除錯與即時擷取成為主流的技術。假如 TESTRAN 把耗掉的功夫早一點拿去開發交談式和快速編譯的功能，該有多好！

　　還有一個例子是排程器（scheduler），在管理固定整批工作流（fixed-batch job stream）方面，那真是個棒得沒話說的機制。實際上，這個排程器是從 1410-7010 磁碟作業系統改良而來的第二系統，不考慮輸出入機制的話，它是屬於非多元程式的整批系統，主要是用於商業應用。一樣的情形，OS/360 的排程器是很好沒錯，但它忘了 OS/360 要的是遠端工作進入（remote job entry）、多元程式、常駐交談式子系統（permanently resident interactive subsystem），事實上，因為這個排程器的設計，反而使這些目標變得更難以達成。

　　架構設計師要如何避免第二系統效應呢？很明顯地，他無法跳過他的第二系統，但可以留意造成第二系統效應的獨特原因，再加上自律（self-discipline）──以特別提醒自己避免設計出不相干的功能，

或是做出違反原先假設與目的的功能。

　　有一項規範可以幫助架構設計師打開設計的視野，就是為每一項小功能賦予價值（value）：功能 x 要值回票價的話，所耗用的記憶體至少要小於 m 位元組，且耗用的時間至少要小於 n 微秒。這些價值將引導架構設計師做初步的設計決定，並可做為實作階段的指引或注意事項。

　　專案經理如何避免第二系統效應呢？堅持採用具有至少兩個以上系統設計經驗的架構設計老手，對一些特別的誘惑保持清醒，也可以藉由詢問自己一些適當的問題，來確保正確的概念與目標已貫徹到設計的細節之中。

6
意念的傳達
Passing the Word

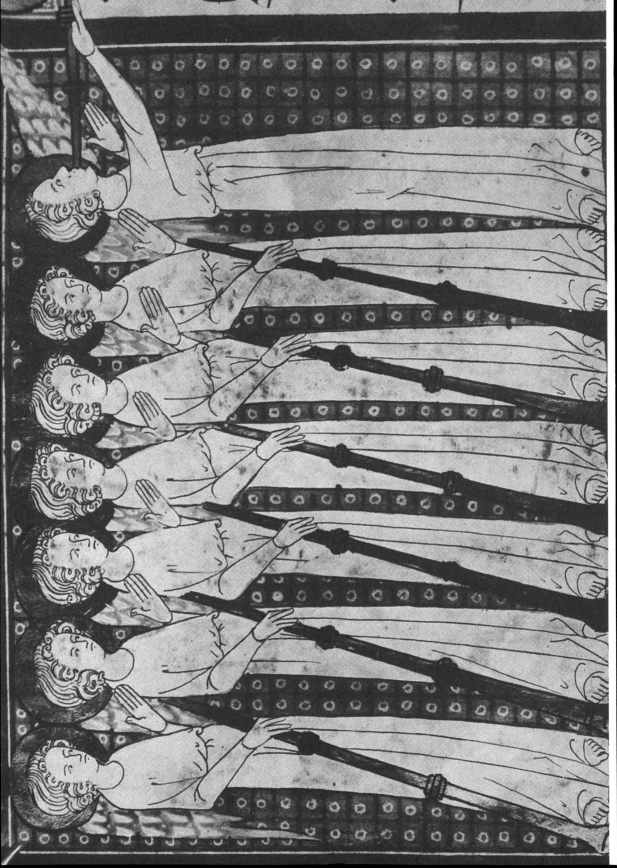

6
意念的傳達
Passing the Word

他將會坐在這兒，說：「做這個！做那個！」然後什麼事都不會發生。

杜魯門，《總統的權力》[1]

He'll sit here and he'll say, "Do this! Do that!" And nothing will happen.

HARRY S. TRUMAN, ON PRESIDENTIAL POWER [1]

〈啟示錄〉（*The Wells Apocalypse*）的「七號角」（The Seven Trumpets），
14 世紀
The Bettman Archive

[譯註]

1952 年美國總統大選，面對聲勢大幅領先的共和黨候選人艾森豪
（Dwight D. Eisenhower, 1890 ～ 1969），民主黨的現任總統杜魯門
（Harry S. Truman, 1884 ～ 1972）心情惡劣。杜魯門認為總統不是人
人都可以當的，光是坐在白宮的椅子上發號施令，不見得命令就會被
貫徹，按照美國憲法的精神，總統必須要想盡辦法進行許多溝通，才
能說服國會或部屬去做那些其實不用講、他們就該知道去做的事。艾
森豪是軍人出身，而軍人都習慣於一個命令、一個動作地發號施令，
於是杜魯門就指著白宮的總統座位揶揄艾森豪說：「他將會坐在這
兒，說：『做這個！做那個！』然後什麼事都不會發生。」這就是本
章開場白的由來。

選舉結果是由艾森豪當選了美國第 34 任總統，事實也證明艾森
豪有擔任總統的才幹，但杜魯門所說的話就「意念的傳達」而言，仍
然發人深省，後人常常引用。

〈啟示錄〉是《聖經》最末一卷書，內容主要是預言世界即將要發生
的事，其中的第 8 、9 兩章是描述七位天使依續吹號的情形，每輪到
一位天使吹號，就會有一種災難出現。本章的開場圖片看起來就像是
「傳話遊戲」一般，注意已經有六位天使吹號完畢，信號也已傳向最
後一位天使，輪到了第七位天使吹號，這代表每一位天使在吹號的時
候都正確無誤地把信號傳給了下一位天使，意念傳達的過程相當完
美。

假設已經擁有了訓練有素而且經驗老到的架構設計師，對專案經理而言，面對一群實作人員，他如何確保這些人統統聽懂、了解，並落實架構設計師的決策呢？一個動員 1,000 人的大系統，要如何靠 10 個架構設計師來維持其概念整體性呢？為了達到這個目的，System/360 在進行硬體設計的時候，曾經研擬出一整套很有效的方法，這些方法同樣可以應用於軟體專案。

書面規格——手冊

手冊或書面規格是不可或缺的工具，雖然光靠它是不夠的。手冊載明的是產品的外部（external）規格，用來描述並制定出使用者從外觀上將會看到的所有細節，撰寫手冊便是架構設計師的主要工作。

當使用者和實作人員的反應不斷地顯示出設計上難以使用或實現之處，手冊就會墮入重新準備、修改的輪迴之中。為了造福實作人員，將修改的程度予以量化（quantize）是很重要的——在時程上應該要有載明日期的版本資訊。

手冊不僅要描述使用者將會看到的所有細節，這其中包括了所有的介面，同時也要避免描述使用者看不到的東西，這些是實作人員的事，屬於他們的設計自由，就不應該對它做任何限制。對於所描述的任何產品特色，架構設計師都必須隨時準備好提出一種實作方式供人參考，但不應該企圖硬性規定採用特定的實作方式。

手冊的風格應該要準確、完整、詳細，由於使用者將會經常個別地參考到各項定義，所以每一項定義都免不了必須重複所有的基本要點，而且仍然都必須保持一致，這雖然會使手冊閱讀起來較為無趣，但精確的說明應該比生動的表達來得重要。

　　《System / 360 操作規範》的文體能夠一致，原因就在於執筆撰寫的人只有兩位：Gerry Blaauw 和 Andris Padegs ，雖然全部的構想出自於大約十個人，但是如果要使這項產品和手冊的一致性得以維持的話，把眾人的決定化為書面規格的撰寫工作只能由一或兩人主筆，因為在撰寫定義的過程中會需要許多細節的決定（mini-decision），而這又沒有重要到需要眾人一同來充分討論的程度。以 System/360 為例，其中有一項細節是描述 Condition Code 在每次操作後設定的方法，然而，要把握不流於瑣碎（not trivial）的原則，才能使這類細節的決定從頭到尾都能保持一致。

　　在我曾經看過的手冊之中，我認為寫得最好的就是《System / 360 操作規範》中的〈附錄〉，那是由 Blaauw 所寫的，裏頭很小心並精確地描述了 System/360 在相容性（compatibility）方面的限制。一開始先定義出相容性的意義，然後制定出要達成的目標，進而列舉出系統在各方面的外在呈現方式，這些都是在架構上刻意不予說明的，包括不同機型之間將造成什麼樣的不同結果，相同機型的不同複製品（copy）之間有什麼不同，而經過工程上的修改後的同一份複製品又會有什麼樣的不同。這就是手冊撰寫者應致力追求的描述精確程度，哪些有規範，哪些並未規範，都一樣要仔細定義清楚。

正式定義

英語，或任何其他人類語言，原本就不是用來精確描述定義的，因此手冊撰寫者必須費盡心力去突破語言的侷限，才能達到所需要的精確程度。一個挺吸引人的方式是採用正式標記法（formal notation），畢竟，精確是我們一貫的要求，這也是正式標記法之所以存在的理由。

讓我們來分析一下採用正式定義的優缺點。如同以上所述,正式
定義是精確的,講究的是周延性,如果說法有漏洞,很容易就會被突
顯出來,因此也很快地就可以加以彌補。缺點是不易看懂,如果採用
較口語的散文式說法,則較能用一個個步驟、有層次的方式寫成具有
架構性的原則,還可以舉例說明,因此能輕易地指出例外情形,並強
調對比差異,更重要的是可以解釋緣由。正式定義的做法自提出至
今,大家都折服於它的簡潔,也對其精確至感信賴,但這卻需要搭配
口語化的解釋,以使其易於領會和傳授,基於這些理由,我認為未來
的規格書應該同時包含正式定義和散文式定義。

一個古老的諺語說得好:「航海不帶兩個羅盤,但帶一或三個都
可以。」(Never go to sea with two chronometers; take one or three.)同
樣的道理可以應用在散文式定義和正式定義上,如果你同時擁有兩
者,那一定是先以其中之一為標準,而另一個則是根據此標準改寫而
來,像這樣的情形我們必須加以標註清楚。當然,以哪一個先當標準
都可以,像是 Algol 68 就以正式定義為主,散文式定義為輔, PL/I
和 System/360 則相反,都是以散文式定義為主,正式定義為輔。

用於撰寫正式定義的工具有很多,像是 Backus-Naur Form 就是
其中耳熟能詳的一種,這在文獻中都有詳細的討論。[2] PL/I 的正式定
義採用的是抽象語法(abstract syntax)的新概念,描述的效果也挺不
錯的。[3] 還有 Iverson 提出的 APL ,用來描述機器硬體,這方面最有
名的應用就是 IBM 7090 [4] 和 System/360 [5] 。

Bell 和 Newell 提出了一種新型註記法,可用來描述組態
(configuration)設定和機器硬體的架構,採用它的機器有 DEC
PDP-8 [6] 、 7090 [6] 和 System/360 [7] 。

在制定硬體或軟體系統的外部規格時,經過證實,幾乎絕大部分

的正式定義都是用在描述某一種實作（implementation）的方式上，講語法（syntax），其實不用這麼做，講語意（semantic），倒是可以用一個程式來解釋所定義的功能是如何運作的，這想當然耳是實作的範疇，對架構而言，這麼做其實是過度描述，所以，你必須留意正式定義應該僅用來描述外部規格，用來強調這是個什麼東西。

　　不只是正式定義可以用來規定實作，實作也可以用來做為正式定義，當開發第一台相容電腦時，就正適合使用這種技術。新電腦的行為必須做得跟現有電腦一模一樣，手冊裏有描述得不清楚的地方嗎？「問電腦！」測試程式將根據舊電腦的行為來設計，以驗證新電腦是不是做得很相容。

　　一個硬體或軟體系統的軟體模擬器（simulator）用的就是這種手法，它是實作的一種，可以執行，所以如果在定義上有任何疑問，拿模擬器測試一下就知道。

　　直接拿現成的實作成果來當作正式定義有幾個好處，所有的疑惑都可以用實驗方式得到明確的答案，比較沒有爭議性，所以求證速度很快，就定義而言，這麼做所得到的答案通常也符合我們需要的精確程度，同時往往也很正確，不過也會造成一些難以對付的缺點。雖然我們要的只是外部規格的定義，但現成的實作可能會有過度描述的情形，不合理的語法通常會導致某些後果，如果是監督型系統（policed system），這些會當作無效的命令，沒什麼後遺症，但如果是非監督型系統，那麼就有可能產生各種副作用，例如，當初我們開發System/360 的時候，曾經想模仿現有的 IBM 1401 ，結果做出來的東西包括了 30 個「古董」──被認定為無效命令的副作用──這些都是過去曾經很普遍的功能，結果就被當成定義的一部分了。拿實作來當作定義會造成過度描述，它表達的不僅僅是這台機器該做什麼，也

表達了一大堆該如何做的方法。

　　此外，當某些真正直指要害的問題被提出來的時候，實作有時還會反映出非預期和意料之外的答案，從這些意外中，通常都可以發現到實際上的定義其實是非常草率的，因為那是未經思考或證實就照抄的結果，這樣的草率往往被認為是造成另一份實作效能低落或成本高昂的原因。例如，有些電腦在做完乘法運算後，會將一些不再需要的資料留在被乘數暫存器（multiplicand register）中，這種性質如果在開發新電腦時因照抄而成為實際上的定義，就有可能會成為新電腦採用其他更佳乘法演算法的阻礙。

　　最後，不論事實上是以散文式定義為標準，或是以正式定義為標準，直接拿現成的實作來當作正式定義都特別容易讓人混淆，特別是以軟體來進行模擬的時候。你也必須避免修改實作，如果你把它當作標準的話。

將定義直接融入實作

對於軟體系統的架構設計師而言，有一個廣受喜愛的方法可以幫助他強化定義和傳達意念，也就是建立一些用來描述內部模組介面的語法，注意，不是用來描述語意的。這種技術就是去設計傳遞參數或共用儲存空間的宣告方式（declaration），並要求實作時得透過某個編譯時期（compile-time）的操作把宣告含入（也許是透過巨集或類似PL/I 中的 %INCLUDE）。此外，如果這整份介面是透過一個符號名稱來參用的話，我們就可以在這份介面宣告中增加或插入新的變數，然後只需要重新編譯即可，不必大改程式。

開會

不用多說,開會絕對是必要的,開發人員之間有數不清的東西需要商議,這得靠規模更大、更正式的集會才行。我們發現有兩種不同層級的會議非常有助益,第一種是固定每週召開的會議,進行的時間大約是半天,參加的人員包括:架構設計師、軟硬體實作小組的代表、行銷規劃人員,並由首席系統架構設計師擔任會議的主席。

任何與會人員都可以提出問題或異動提案,但書面的提案資料必須於會前分發給所有的與會人員。通常,一個新的提案會先花一點時間進行討論,但重點並不在討論,而在於激發創意,待眾多的解決方案提出來之後,其中的一些將交由一位或某幾位架構設計師整理,成為更精細的修正提案報告。

當詳細的修正提案報告匯整完成,便可以開始做決策,經過實作人員和使用者反覆而周詳的考慮後,正反兩面的看法都清楚地條列出來,如果全體一致達成了共識,那當然是最好不過,否則,就由首席系統架構設計師來裁決。會議紀錄將予以保存,決策的結果也必須正式、即時、全面地公告周知。

每週定期開會使各項決策迅速敲定,並讓工作得以順利進行下去,如果有任何人感到非常不快,也能即時反映給專案經理,不過這應該不會經常發生。

開會將獲得豐碩的成果,這是源於以下幾個因素:

1. 這同一個小組——架構設計師、使用者、實作人員——持續地每週開會,所以不用再花時間教那些搞不清楚狀況的人。

2. 這是一支充滿活力、足智多謀、在任何議題上都能夠進入狀況的

小組，大家都跟結果息息相關，沒有人是「顧問」角色，每個人都必須做出切身的承諾。

3. 當問題浮上檯面，將同時由內外正反不同的觀點來尋求解決方案。

4. 正式的書面提案使問題得到重視，迫使決策的進行，避免會議草擬的內容前後矛盾。

5. 將最後的決定權明確授權給首席系統架構設計師，使妥協和延宕得以避免。

隨著時間過去，有些決策並沒有持續落實，有些細瑣的事物並沒有被某些與會人員認同，另外也會有一些當初無法預見的問題浮現出來，而每週的例行會議可能並不被允許重新討論這些議題，所以開闢另一個管道以處理細瑣事物、公開討論、讓大家發洩不滿是有必要的，也就是召開通常為期兩週的年度檢討大會。（如果還有機會做的話，我會每半年召開一次。）

這種大會通常會在文件的重要版本敲定之前召開，參與人員不僅僅包括架構設計小組和程式設計小組的代表，還包括了程式編寫、行銷與任何實作小組的經理，由System/360 的專案經理負責擔任會議主席。一個典型的議程通常會包括大約200 個討論項目，大部分是比較細瑣的事物，並條列成圖表張貼在會議室的牆上，全部都將被聆聽並且做成決定，拜神奇的電腦文書編輯之所賜（以及許多工作人員的努力），每一位與會人員一早都會在座位上收到一份根據前一天會議結論所修改的最新資料。

這種「秋季嘉年華會」的好處不僅是在解決決策問題，更重要的是讓最後的決策都被大家所接受，每一個人都被傾聽，每一個人都參

與其中，每一個人都將更體諒各個決策之間彼此牽連的複雜限制與關係。

多重實作

System/360 的架構設計師們擁有兩項幾乎可以說是空前的好處：有充分仔細從事創作的時間，以及與實作人員相同的政治影響力。前者歸因於時程管理的新技術，後者則是源自於多重實作同時並行的做法，由於在不同實作之間必須維持嚴格的相容性，無形中加強了規格的地位。

　　大部分軟體專案的開發過程中總會發生一種情況，就是有一天發現機器跟手冊寫的不一致，到底是誰該修改，通常是負責撰寫手冊的架構設計師吵輸實作人員，因為變更規格往往比修改實作要來得快速而容易，但是，如果採取多重實作的做法，形勢就會完全相反，配合錯誤的實作來修改規格將會耗費更多的時間和成本，還不如乖乖按照規格來修正實作。

　　這樣的概念非常有利於應用在定義中的程式語言上，可以想見，不同的解譯器（interpreter）或編譯器隨後就會因應不同的需要而開發出來，如果一開始就至少開發兩個以上的實作產品，將有助於維持程式語言定義的純淨與嚴謹。

電話紀錄

無論規格寫得多麼詳細，在實作的過程中，仍然會有許多架構上的問題需要進一步確認或解釋，很明顯地，這些都是文件中必須加強和澄

清的部分，其他就只剩下遭到誤解的情形。

　　基本上，如果有任何不清楚的地方，我們希望實作人員都應該打電話向負責的架構設計師詢問，而不要妄加猜測或自行解釋。重點是必須認知到，對於這些問題所做的回答，同樣是具有解釋架構上的效力，所以應該公告讓所有人知曉。

　　一個不錯的機制是電話紀錄，由架構設計師負責維護，上頭記錄了所有他被問到的問題，以及他對該問題所做的回答。每個禮拜，每個架構設計師都要把紀錄匯整過，然後分發給各個實作人員與使用者，雖然這是個比較不正式的機制，但是快速，而且包羅萬象，什麼疑難雜症都可以寫進去。

產品測試

專案經理最好的朋友，就是每天都跟他唱反調的、獨立的產品測試（product test）小組，這個小組的工作就是檢查軟硬體是否符合規格，這是一個扮演黑臉的角色，負責點出你能想得到的任何缺失或矛盾之處，每一個發展團隊都應該具備像這樣的一個獨立技術稽核小組，以確保其公正性。

　　最後，顧客也是獨立的稽核者，唯有通過實際使用的殘酷考驗，所有的缺點才會顯現出來。產品測試小組代表顧客，就是專為挑出產品的毛病而存在的，隨著時間的投入，細心的產品測試人員將找出設計意圖並未正確傳達之處，也就是設計的決策沒有被正確了解或準確實作的地方。基於這個理由，測試小組絕對有必要與設計意念傳達的過程相結合，並且必須在早期就跟設計的工作一起同時進行。

7

巴別塔為什麼失敗？
*Why Did the Tower
of Babel Fail?*

7

巴別塔為什麼失敗？
Why Did the Tower of Babel Fail?

那時，全地的人只說一種語言。後來，他們向東遷徙，來到示拿地一處平
原的地方，就在那裏定居下來了。他們彼此商量說：「來呀，我們燒些磚
來用吧。」他們又說：「來吧，先來造一座城，然後再造一座聳入雲霄的
高塔，這樣，不單可以揚名於天下，也可以使我們團結在一起，免得在地
上四處流散。」於是，他們把磚當作石塊，用瀝青當作水泥，大興土木。
主從天上下來察看人所建造的城和塔，便說：「看哪，他們現在同屬一個
民族，同操一種語言，就竟然幹出這種事情來，如果繼續下去，他們豈不
是可以為所欲為了嗎？好，讓我們下去攪亂他們的語言，使他們不能再彼
此交談。」於是，主就把他們從那裏分散到各地方，他們就不能再建造那
城了。

〈創世紀〉第 11 章：1～8 節

P. Breughel, the Elder ，「巴別塔」，1563 年
維也納 Kunsthistorisches 博物館

Now the whole earth used only one language, with few words. On the occasion of a migration from the east, men discovered a plain in the land of Shinar, and settled there. Then they said to one another, "Come, let us make bricks, burning them well." So they used bricks for stone, and bitumen for mortar. Then they said, "Come, let us build ourselves a city with a tower whose top shall reach the heavens (thus making a name for ourselves), so that we may not be scattered all over the earth." Then the Lord came down to look at the city and tower which human beings had built. The Lord said, "They are just one people, and they all have the same language. If this is what they can do as a beginning, then nothing that they resolve to do will be impossible for them. Come, let us go down, and there make such a babble of their language that they will not understand one another's speech." Thus the Lord dispersed them from there all over the earth, so that they had to stop building the city.

GENESIS 11:1-8

［譯註］
〈創世紀〉第 11 章第 1 ～ 8 節的譯文直接抄錄自《當代聖經》。

巴別專案的省思

據〈創世紀〉的記載，巴別塔（tower of Babel）是人類繼諾亞方舟（Noah's ark）之後著手進行的第二大工程，然而，它也是第一個工程上的大失敗。

巴別塔的故事寓意深遠，由不同的角度可以得到不同的啟示，但是我們在此純粹是以工程專案的觀點，來看看巴別塔可以帶給我們哪些管理上的教訓。巴別塔具備了多少成功的條件呢？他們是否有：

1. 明確的目標？有。雖然這是痴心妄想，但遠在人類所能達到的極限之前，它就宣告失敗了。

2. 人力？很多。

3. 材料？美索不達米亞（Mesopotamia）蘊藏著豐富的黏土和柏油。

4. 足夠的時間？也有。沒有任何證據顯示有時間上的限制。

5. 充分的技術？這不成問題。金字塔或圓錐型結構本身就很穩定，可以很有效地分散壓力的負載，磚石建造技術顯然也很成熟，但這項工程早在達到技術的極限之前，就宣告失敗了。

為什麼萬事皆備卻仍然失敗呢？是不是還缺少什麼？答案有二——溝通（communication）以及隨之而來的組織（organization）。人與人不能彼此交談，就無法合作，當合作失敗，工作就陷入停頓。從故事中可知，缺乏溝通將導致爭執、誤解、集體猜忌，很快地，整個團隊就會分崩瓦解，各自為政，最後就連吵也不想吵了，選擇孤立。

大型軟體開發專案的溝通

直至今日，時程落後、功能誤解、系統錯誤的孳生都一樣是源自於左手不知道右手在幹什麼。在專案進行的過程中，有些小組會逐漸對他們自己所負責的程式進行功能、大小、速度的更動，於是，程式之間原來輸入與輸出的關係所依據的假設，也在有形或無形之中改變了。

例如，某個負責發展程式重疊（overlay）功能的實作人員可能遭遇到發展的瓶頸，基於統計的結果，這位實作人員認為應用程式應該不太會運用到這個功能，所以決定犧牲該功能的執行速度來突破瓶頸，然而，就整體而言，其他同伴可能正在發展一個監控模組，而這個模組的執行效率好壞可能直接受重疊功能執行速度的影響，於是，對重疊功能做出犧牲執行速度的決定，事實上是一種規格上的重大變更，這項變更有必要讓所有的開發人員知曉，並且應該從系統的角度來思考。

但每個小組之間要如何進行溝通呢？盡可能地運用所有的方法。

- *非正式方法*（informally）。良好的電話聯繫制度並明確定義出團隊之間的從屬關係，將可鼓勵電話的大量使用，從而使書面文件得到共同的理解。
- *會議*（meeting）。例行的專案會議是非常棒的方式，一個個小組上台做技術簡報，許多細瑣的誤解都可以透過這種方式消除掉。
- *工作手冊*（workbook）。專案一開始，就應該準備好一份正式的專案工作手冊。這值得用一個小節來說明。

專案工作手冊

何謂工作手冊　與其將工作手冊視為獨立的個別文件，不如說它是一份其他文件的組織結構，而這個結構規範了在專案進行過程中即將產出的文件。

　　所有在專案中所使用到的文件都應該是屬於這個組織結構中的一部分，包括：計畫目標、外部規格、介面規格、技術標準、內部規格、管理備忘錄。

為什麼要有工作手冊　技術方面的說明可以藉此永久保存。你不妨針對某個硬體或軟體上的小議題，翻閱一下流傳下來的一系列使用者手冊，你會發現不但可以查到一些構想，還可以追溯到許多產品緣起或原始設計的豐富記載。對技術工作者而言，善用前人或現有的素材，跟親自操刀創作一樣地重要。

　　基於上述理由，並抱持著有今日的紀錄才能造就明日高品質的文件，定義出良好的文件組織結構是相當重要的。早早進行工作手冊的設計，將有助於精心打造良好的文件組織結構，使文件不致淪為一種偶然的產物，而且這個組織結構一旦建立，之後加入的文件片段都會有所依據地放在適當的位置上。

　　工作手冊的第二個用途是用來控制資訊的分佈，但這並不是要限制資訊，而是為了保證需要資訊的人都能夠在適當的地方取得。

　　所以，首要的工作就是為所有的紀錄項目編號，好讓經過排序的標題列表能夠隨時備妥，供所有的工作人員在需要的時候方便查閱。基於這個想法，文件記載的內容蠻適合規劃成樹狀結構，必要時，也可以個別對某個子樹（subtree）進行維護。

運作機制　技術文件跟許多軟體工程的管理問題一樣,當數量變大的時候,麻煩的程度就會呈非線性遞增。一個 10 人的專案,文件很容易就可以編號列管; 100 人,把文件拆成幾部分,個別記錄與追蹤也就夠了; 1,000 人,不可避免地,這群人會分散在一些不同的地方工作,於是,為工作手冊設計出一個良好結構的必要性便會增加,而文件的份量也會增加,此時,工作手冊的機制該如何運作呢?

　　關於這點,我認為 OS/360 做得不錯,這得歸功於 O. S. Locken,他在之前參與的 1410-7010 磁碟作業系統開發專案中,見識過這方面的效果,所以極力倡導具備良好結構工作手冊的必要性。

　　我們也很快就決定,每一位程式設計師都應該看到全部的文件內容,換句話說,每一位程式設計師的辦公室裏都應該要有一份工作手冊的副本。

　　關鍵就在於如何持續地更新內容,因為工作手冊必須保持最新的資料才行。如果每次要更新的時候,都必須將整份文件重新打字那就麻煩了,但如果採用活頁式的裝訂方式,那麼每次只需要抽換幾頁即可。我們準備了一套電腦文書編輯系統,事實證明這對文件的適時維護來說,其價值可謂無遠弗屆,平版印刷的原稿可以直接從電腦印表機上輸出,改版不到一天就可完成。然而,接受文件改版的人會面臨理解吸收的問題,當他第一次拿到幾張抽換頁時,他會想要知道:「改了什麼?」如果他晚一點再去查,他會想要知道:「改成什麼樣了?」

　　關於後者,只要持續維護文件即可,至於如果要特別強調更動的部分,則得靠另外一些步驟來完成。首先,必須使用一些標註方式,例如,在被更動的每一行文字的頁邊上畫出一條垂直線;其次,當這些抽換頁分發出去的同時,額外再附上一份簡短的改版摘要(change summary），用來列出更動的部分與重點。

但是，我們的專案才進行不到六個月就遭遇到另一個問題——工作手冊已經累積了大約五英呎厚！假如把提供給每個程式設計師的那100 份副本疊起來，將比我們的工作地點曼哈頓時代生活大樓還要高，更糟的是，每天變動的部分平均也有兩英吋厚，大約有150 頁要歸檔到適當的位置上，工作手冊的維護已成為每天很花時間的工作。

於是我們就改採微縮膠片（microfiche），這項改變也蠻省錢的，甚至可以讓每一間辦公室都配備一台微片閱讀機，從改版到微縮膠片製作完成也花不了多少時間，而整個工作手冊的體積已從三立方英呎縮小為六分之一立方英呎，更重要的是，本來每天上百頁的更新與歸檔工作量減輕了大約一百倍。

微縮膠片也有其缺點。以管理者的角度來看，稍微麻煩一點的歸檔動作比較會讓人去讀一下這次更動的部分，這也是工作手冊原來的目的；微縮膠片讓工作手冊的維護過於容易。除非，每次更新微縮膠片的時候也附上一張紙來說明該次的更新項目。

而且，我們沒法在微縮膠片上標示重點或註解，閱讀者也不能在上頭寫一些眉批。其實，文件如果能將閱讀者的回應與互動納入，將對原作者產生更深刻的刺激，對閱讀者的實用性也會大為增加。

優缺點抵銷後，我認為微縮膠片仍然是一個不錯的選擇，就大型軟體專案而言，相較於紙本形式的工作手冊，我會比較傾向於推薦微縮膠片。

當今的運作機制　以當今成熟的技術而言，工作手冊的另一個選擇是電子檔，可供直接存取，也可以在上頭標註變動的部分與改版日期，每個使用者都可以透過顯示終端機（display terminal）來查閱資料

（如果還倚賴打字員就太慢囉）。將改版摘要放在固定的位置，並且按照日期越近則位置越前的順序排列，每天更新。使用者可能每天都會去看，但如果他漏掉一天沒看，只要隔天多花點時間補看即可。如果在閱讀摘要的過程中發覺有任何需要，他可以停下來直接去查看工作手冊電子檔中更詳盡的說明。

請注意，工作手冊的理念本身並沒有任何改變，它的功用依然是持續地匯集專案執行過程中所產生的文件，並且按照我們精心設計的組織結構來存放，唯一改變的是資訊的分佈與查閱方式。史丹佛研究院的 D. C. Engelbart 及其同事曾經建立過這樣的機制，並且用於 ARPA 網路專案的文件維護工作上。

卡內基美隆大學的 D. L. Parnas 曾經提出過一個比較極端的做法，[1] 他認為應該避免讓程式設計師知道整個系統的細節，只要讓他知道跟他有關的部分即可，這樣程式設計師的工作會最有效率。這是假設所有的介面都可以定義得非常完整與精確，然而這是最理想的情況，除非你有絕招能夠完美地辦到這點。一個好的文件系統不但不怕暴露出介面上的錯誤，同時還能促使開發人員修正它們。

大型軟體開發專案的組織

如果一個專案有 n 個人，那麼這些人之間就有（n^2-n）/2 個溝通介面，同時也會有將近 2^n 個潛在必須合作的團體。組織的目的便在於減少溝通介面和協調的需要量，所以組織就是為了上述的溝通問題而存在的。

這意思就是要透過人力配置（division of labor）和專業分工（specialization of function）來減少溝通量。樹狀結構的組織正可反映

出人員在經過劃分與專職之後，可以減低詳細溝通的需要程度。

其實，樹狀結構的組織是源自於權力（authority）和責任的結構，在任何人都不能同時聽命於兩個老闆的原則之下，造成了權力結構成為樹狀的樣子，但溝通結構可不受這種限制，拿樹狀結構來類比溝通結構是行不通的，溝通結構是網狀的！很多工程研究單位都犯下這個毛病，直接根據幕僚部門、工作單位、委員會、甚至矩陣式（matrix-type）組織來推導出溝通的結構。

讓我們來看看樹狀結構的軟體開發組織，並探討一下如果要使專案有效進行的話，每個子樹所必須具備的基本要素：

1.　任務
2.　管理者（producer）
3.　技術總監（technical director）或架構設計師
4.　時程
5.　人力配置
6.　各個職掌之間的介面定義

除了管理者和技術總監的劃分之外，其他要素都很典型也很容易理解，我們就先來對這兩種角色加以說明，然後再探討他們之間的關係。

管理者所扮演的是何種角色呢？他負責召集整個小組、分派工作、規劃時程。對外，負責爭取並掌握必要的資源，這意味這個角色的一個主要任務就是和別的小組溝通，無論是對上級單位或是對平行單位。對內，必須建立溝通的模式與回報制度。最後，他對時程負責，當情況有變時，必須視狀況調整資源與人力的配置。

那麼技術總監呢？他負責構思整個設計，切割出子系統，界定出

架構的外觀與內部結構，維持整個設計的和諧與概念整體性，盡可能使系統保持單純。當某個技術問題浮現出來的時候，他得尋求解決方法，並在必要的時候修改設計。套句 Al Capp 喜愛的說法，他是「臭鼬工廠裏的內勤人員」（inside-man at the skunk works），其溝通主要是對內的，而且工作內容幾乎都偏重在技術方面。

> ［譯註］
> Al Capp（1909～1979）是美國有名的漫畫家，在他深受美國人喜愛的連環漫畫《Li'l Abner》中，描繪了一些怪人在一個祕密工廠裏釀造一種聞起來很臭的酒，而這個祕密工廠的名稱就叫做「臭鼬工廠」（skunk works），這工廠裏的人分為內勤人員（inside man）和外勤人員（outside man），內勤人員是不對外露面的，只管專心釀酒。

　　很明顯地，扮演這兩種角色所需要的天分是不同的，每個組織所擁有的人才也不盡相同，這便影響到管理者和技術總監這兩者搭配的方式，組織必須視現有人力的特性來調配，而不是叫人去配合一個純屬理論的組織。

　　這兩種角色的搭配方式有三種可能的情況，也都在實務上有過成功的例子。

由管理者兼任技術總監　　六到八人的小型團隊很適合採用這種方式，但這在大型專案裏則很少能夠行得通，原因有二：第一，同時具備優秀管理天分與技術天分的人才相當稀少，智才少，將才也少，智將更是難求。

　　第二，在大型軟體專案中，這兩種角色通常都必須是全職工作，甚至還得加班。管理者光是處理他份內的事情都忙不完了，很難有時

間或精力再去管技術；而技術總監如果還要抽身去做管理的話，設計
的概念整體性恐怕就兼顧不了。

管理者是老闆，技術總監是副手　這種搭配方式的困難在於如何賦予
技術總監充分下達技術決策的權力，以免使他陷入管理的命令體系之
中而浪費太多時間。

　　很明顯地，管理者必須公開將技術上的決策授權給技術總監，而
在即將出現的測試案例中，絕大部分他都要在背後予以支持，要辦到
這點，檯面上，管理者和技術總監必須給人感覺對主要技術的看法是
一致的，重要的技術問題應該在私下場合進行溝通，在他們取得共識
之前，管理者必須尊重技術總監在技術上的權威。

　　比較不明顯的做法，是管理者可以為技術總監在一些具有權力象
徵的事物上動手腳（配備超大的辦公室、舖地毯、高級傢俱、專屬影
印機……等等），這等於是在向大家宣示，雖然技術總監是在管理階
層之外，但也是主導決策的重要人物。

　　這其實是很有效的做法，不過很不幸，很少人會嘗試這麼做，這
種組合能夠運作得很好的並不多，因為專案經理往往不懂得善用不擅
長管理的技術長才。

技術總監是老闆，管理者是副手　Robert Heinlein 在他的著作《*The Man Who Sold the Moon*》這本書中描述了一段有關於人事安排的例
子：

> Coster 雙手搗著臉，然後抬起頭來說：「我了解，我真的很清楚
> 我該做什麼──但每次我正要好好解決技術上的問題時，一些該
> 死的傢伙就跑來向我請示如何處理那些雜七雜八的事──或是電

話鈴就響起來──反正就是一堆惱人的瑣事，實在很抱歉，Harriman 先生，我以為我可以處理好的。」

Harriman 平和地說：「Bob，別讓這些瑣事把你擊倒，你最近連覺都睡不好，可不是嗎？告訴你吧──我們打算把 Ferguson 暫時拖延一下，這幾天我先代理你的職位，並且做一些調整，好讓你不再為這些瑣事煩惱。我要你把心思花在那些反作用力向量、燃料效率、設計壓力等等，而不是浪費在這些瑣事上頭。」Harriman 走到門邊，向辦公室外頭瞄了一下，看到一個傢伙，也不管他是不是領班，就喊道：「嘿！就是你，過來。」

那傢伙看起來有些吃驚，從位子上起身，來到了門邊說：「請問有什麼指示嗎？」

「放在轉角的那張辦公桌，還有上頭所有東西，立刻統統給我搬到這層樓的空辦公室去！」

Harriman 指揮著，把 Coster 和其他辦公桌都給遷到了另一間辦公室，然後望見那間新辦公室裏還沒有接上電話，想了想，喉嚨輕咳一聲走了進去，「我們今晚會把投影機、製圖機、書櫃和其他一些東西裝好，」他對著 Coster 說：「還有什麼需要的，儘管列出來──只要是工程上用得著的。」然後走回那間名義上叫做首席工程師的辦公室，很愉快地嘗試去推敲這個單位座落的位置與前前後後出的毛病。

大約四個小時之後，他帶著 Berkeley 去見 Coster，這位首席工程師正趴在桌上睡著了，Harriman 本來要退出去的，但 Coster

醒了，「哦！真是抱歉。」他有點不好意思地說：「我一定是在打瞌睡。」

「沒關係，我故意咳一聲就是要提醒你的。」Harriman 說：「Bob，這位是 Jock Berkeley 先生，他是你的新助手，以後你還是維持首席工程師的頭銜，依然是這兒的首腦，Jock 則是庶務總管，從現在開始，你絕不會再被雜事干擾了——你只要把建造月船（Moon ship）的事給搞好就行。」

他們握了握手，「Coster 先生，我只有一事相求，」Berkeley 很正經地說：「不要在乎我，你儘管專心處理你的事——你得在技術上大顯神威——但看在老天的份上，有事請務必通知一下，好讓我知道狀況，我會在你的辦公桌上裝一個開關，這個開關會連接到我位子上的收訊器。」

「很好！」Coster 看起來已經好多了，Harriman 想。

「如果你有什麼非技術上的事情要處理，不要自己動手，儘管按下開關招呼一聲，我會幫你處理的！」Berkeley 望了一下 Harriman，然後說：「老闆說他想和你談談工作上的事，我這就先告退了。」於是他先離開。

Harriman 坐了下來，Coster 也跟著坐下來，「呼！」地一聲鬆了一口氣。

「感覺好些了嗎？」

「Berkeley 這傢伙看起來挺不錯的。」

「很好，從今以後，他就是你的好弟兄。別再擔心，我之前曾經跟他共事過，你一定會覺得賓至如歸的。」[2]

看過上面的故事之後，其實也不必再多做什麼解釋，這種人事搭配方式也可以進行得很成功。

對小團隊而言，我想上述的第三種安排應該是最恰當的了，就像是第 3 章提到的「外科手術團隊」一樣。至於具有樹狀結構的超大型專案，我認為管理者當老闆是比較適合的人事佈局。

巴別塔也許是人類第一個工程上的大失敗，但它並不是最後一個。溝通以及隨之而來的組織結構是邁向成功的關鍵所在，溝通與建立組織的技巧非常需要專案經理投入更多的思考，同時也和軟體技術本身一樣需要豐富的經驗才能夠勝任。

8
預估
Calling the Shot

8
預估
Calling the Shot

練習就是最好的教練。

西流士

Practice is the best of all instructors.

PUBLILIUS

經驗的代價是昂貴的，但愚人就只能從經驗中學習。

Experience is a dear teacher, but fools will learn at no other.

POOR RICHARD'S ALMANAC

Douglass Crockwell ，「Ruth 正在預估要把球打到哪裏」，美國職棒大賽，1932 年

Reproduced by permission of Esquire Magazine and Douglass Crockwell, © 1945 (renewed 1973) by Esquire, Inc., and courtesy of the National Baseball Museum.

[譯註]

西流士（Publilius Syrus ，西元前 1 世紀），古羅馬喜劇作家。

《*Poor Richard's Almanac*》為美國政治家、科學家富蘭克林（Benjamin Franklin, 1706 ～ 1790）自 1733 年開始出版的年鑑，一共延續了 25 年，是美國重要的文獻史料。

貝比魯斯（Babe Ruth, 1895 ～ 1948）是美國著名的全壘打王，在美國小孩的心目中，他是永遠的英雄。 1932 年 10 月 1 日，美國職棒大賽第三戰第五局， Babe Ruth 充滿信心地手指著外野一個地方，隨即打出一支全壘打，落點就在他揮棒前所指的地方。

做一個軟體系統要花掉多少時間？要耗費多少精力？你怎麼預估呢？

我之前曾經提出一些比例數據，用來估算規劃、寫程式、組件測試和系統測試的時間。首先，我必須聲明，不可以單獨先估計寫程式所佔的時間，然後配上我所提出來的比例數據，就這樣得到全部時程的預估值。寫程式大約只佔總時程的六分之一而已，隨便一點點估計或比例上的誤差，就可能使推導出來的結果有天壤之別。

其次，我也必須聲明，寫一個獨立的小程式（program）所花的時間不能拿來做為預估整個軟體系統產品（programming systems product）的開發時程之用，例如，Sackman、Erikson、Grant 等人就指出，以一個平均約有 3,200 字（word）的程式來說，如果寫程式連帶除錯，一個程式設計師平均大約會花上 178 個小時，拿這項數據去外推（extrapolate），每年的生產力將可高達 35,800 行程式，如果程式大小減半，則花的時間甚至會少於原先的四分之一，要是拿這個比例去外推的話，估出來的生產力幾乎達到每年 80,000 行程式。[1] 規劃、寫文件、測試、系統整合，以及訓練的時間都是必須加以考量的，線性外推這種天真的做法是沒有意義的，你用跑一百公尺的速度拿去外推，將得到跑一公里不用三分鐘的結論。

然而，在拋開這些數據之前，我們應該注意，即使只考慮個人創作的情況，不含任何跟別人溝通的代價，寫程式的費力程度仍然跟程式的大小呈現出指數倍數的關係，雖然這並不是很嚴謹的計算。

圖 8.1 是系統開發公司（SDC）的 Nanus 和 Farr 所做的研究結果，[2] 這張圖告訴我們一個壞消息，指數值是 1.5，也就是：

費力程度＝（常數）×（指令數量）$^{1.5}$

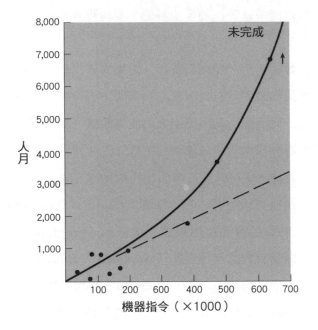

圖 8.1　寫程式的費力程度與程式大小之間的關係

還有另一個也是 SDC 的研究報告，不過這次是 Weinwurm 所做的研究，[3] 他得到的指數值也是 1.5 左右。

關於程式設計師的生產力，目前已經累積了一些研究成果，也有些預估技術被提出來，Morin 對這方面的相關文獻做了一些調查，[4] 在此，我將舉出一些特別具啟發性的研究數據。

Portman 的研究

Charles Portman，曼徹斯特電腦設備協會（西北分會）國際電腦有限公司的軟體部門經理，他提出了一些蠻實用的個人觀察結果。[5]

他發現他所帶領的軟體開發小組延誤了將近一半的時程──每項

工作所花的時間幾乎是原先估計的兩倍，但當初在進行估計時是非常
仔細的，而且是由一個很有經驗的小組用計畫評核圖（PERT chart）
分析了幾百個小項目所估計出來的人力工時。當他發現到這個偏差現
象時，就叫小組成員們持續把每天所做的事和所花的時間詳實記錄下
來，結果顯示，他的小組成員在上班時段只有50% 是真正在寫程式
或是除錯，機器壞掉、臨時交辦的緊急事務、開會、寫報告、行政庶
務、生病、個人私事……等等，這些就佔掉那一半的時間，難怪時程
的預估會有誤差。簡而言之，就是理論上估計出來的人力工時並不切
實際，我個人的經驗也同意這項結論。[6]

Aron 的研究

Joel Aron ，馬里蘭州蓋茲堡 IBM 公司的系統技術經理，他對九個大
型系統進行了程式設計師的生產力研究（他所謂的大型，是指超過
25 個程式設計師並超過 30,000 行程式的專案），[7] 在研究中，按照程
式設計師的溝通量來對這些系統（以及子系統）進行分類，得到了以
下有關生產力的結論：

溝通量很少　　10,000 指令 / 人年（man-year）
溝通量中等　　5,000
溝通量很多　　1,500

以上數據並不包括其他支援性質和系統測試的工作量，只考慮了
設計和寫程式的部分。如果將系統測試納入考量，那麼這些數據還得
再除以二才行，這將非常接近 Harr 的研究結果。

Harr 的研究

John Harr，貝爾電話實驗室電子交換系統的軟體開發經理，他在1969 年的春季聯合電腦會議上提出了一份他個人經驗與觀察的報告，[8] 相關資料請參考圖 8.2、8.3 和 8.4。

在這些圖之中，以圖 8.2 最詳盡也最實用，圖中的前兩項基本上是屬於控制程式（control program），後兩項則是屬於語言轉譯程式（language translator），生產力是以每人年除錯完成的字數來衡量，衡量的範圍包括寫程式、組件測試和系統測試，但不清楚包括了多少規劃、硬體支援、寫文件之類的工作量。

於是生產力也可分為兩個等級，控制程式的生產力大約是每人年600 字，語言轉譯程式則大約是每人年 2,200 字。注意四個程式都有類似的規模——差別在於模組的數目、工作切分的多寡、開發時間的長短。哪一項數據是因，哪一項又是果呢？難道因為控制程式較為複雜，所以需要較多的人嗎？還是因為它們參與的人較多，才導致需要切分較多的模組和更多的工作量呢？花更久的時間，是因為程式較複雜，還是因為人多的關係？無法確定，只知道控制程式確實較為複

	程式單元	程式設計師的數目	年	人年	程式字數	字／人年
操作	50	83	4	101	52,000	515
維護	36	60	4	81	51,000	630
編譯器	13	9	$2\frac{1}{4}$	17	38,000	2,230
轉譯器（資料組譯器）	15	13	$2\frac{1}{2}$	11	25,000	2,270

圖 8.2   電子交換系統中，四項程式的工作摘要

雜。撇開這些不確定的部分，這些數據已勾勒出以當今開發技術從事大型系統開發時的生產力輪廓，這也是這份文獻的實質貢獻。

圖 8.3 和 8.4 展示了一些有趣的數據，是有關於程式編寫速度、除錯速度與預期速度相比較的情形。

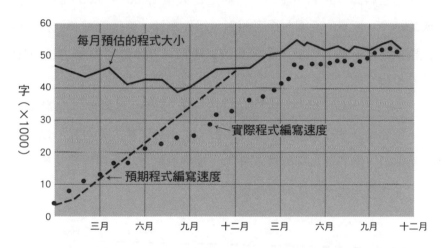

圖 8.3　電子交換系統中，實際程式編寫速度與預估值比較

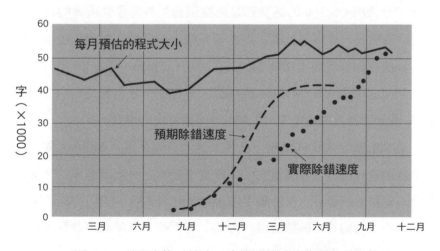

圖 8.4　電子交換系統中，實際除錯速度與預估值比較

OS/360 的數據

IBM OS/360 的開發經驗證實了 Harr 研究報告中未確定的部分。根據經驗，控制程式的生產力大約是每人年 600 ～ 800 個除錯完成的指令，語言轉譯程式的生產力則大約是每人年 2,000 ～ 3,000 個除錯完成的指令，衡量的範圍包括了規劃、組件測試、系統測試和一些支援性質的活動。截至目前為止，我可以確信這些數據與 Harr 的研究結果是相吻合的。

　　Aron 、 Harr 的研究結果與 OS/360 的經驗都證實了開發軟體時，工作本身的複雜度與困難度將對生產力造成驚人的差異。以我個人的估計，編譯器之類的程式會比一般整批處理的應用程式要複雜三倍，而作業系統又要比編譯器複雜三倍。[9]

Corbató 的研究

Harr 的研究與 OS/360 的經驗都是針對組合語言的程式所做的統計，若是以高階語言來開發軟體，這方面有關生產力的文獻就比較少，然而，根據參與麻省理工學院 MAC 專案的 Corbató 所提出的報告，就使用 PL/I 語言開發的 Multics 系統而言（程式份量大約是 1 到 2 百萬字），其生產力大約是每人年 1,200 行除錯完成的程式。[10]

　　這項數據令人非常興奮。就像上述的其他專案，Multics 同樣包括了控制程式和語言轉譯程式，同樣是要開發出一個通過測試、文件齊全的軟體系統產品，就困難度的類型來比較的話，它所得到的生產力看來與上述的其他數據是蠻吻合的，其值差不多就是控制程式和語言轉譯程式兩者生產力的平均值。

　　但是，Corbató 的數據所使用的衡量單位是每人年多少行，而不是多少字！以這個系統而言，它的每一行程式大約可抵三到五個字吧！至此得到了兩個重要結論。

- 生產力若論行來算，似乎是個固定的值，因為每一行程式得花多少腦筋思考，可能蘊藏多少錯誤，都是固定的，這是個蠻合理的解釋。[11]
- 如果採用了合適的高階語言，軟體開發的生產力也許可以提升到五倍。[12]

9

地盡其利，物盡其用
Ten Pounds
in a Five-Pound Sack

9
地盡其利，物盡其用
Ten Pounds
in a Five-Pound Sack

創作者應該盯著諾亞，並且……學學人家是怎麼將一大票的東西塞進一個小方舟上的。

席德尼・史密斯，《愛丁堡評論》

The author should gaze at Noah, and . . . learn, as they did in the Ark, to crowd a great deal of matter into a very small compass.

SYDNEY SMITH, EDINBURGH REVIEW

Heywood Hardy 畫作的雕版

The Bettman Archive

席德尼・史密斯（Sydney Smith, 1771 ～ 1845），英國牧師，於 1802 年創辦了季刊雜誌《愛丁堡評論》。

本章標題照字面上翻譯是「五磅麻袋裝十磅東西」，其隱喻就是在資源不是無限取用的情況下，必須「地盡其利，物盡其用」。

《聖經》〈創世紀〉的諾亞方舟故事：由於人類的敗壞，上帝決定要發洪水氾濫大地，毀滅祂所創造的一切，只有善良的諾亞可以保全下來，祂吩咐諾亞造一艘方舟，並帶上各種動物，但由於方舟的空間有限，必須善加利用，這些動物有大、有小、有高、有矮，有的凶猛，有的溫馴，特性各不相同，彼此如何搭配住在一起，都是問題。此外，既要不浪費空間，又要能達到延續繁衍的目標，所以每種動物都一定要有一對，也只能一對，必須身體健康、品種優良，最重要的，是得一公一母。

空間就是金錢

你寫的是多大的程式呢？撇開執行速度的考量，程式執行時所耗用的空間基本上是要付出代價的，尤其是版權私有軟體（proprietary software），要使用就得付費給原作者，而這些支出都得攤在開發成本上。以 IBM APL 交談式系統為例，其租用的計費方式是每月 400 美元，而且只要一執行起來，就至少佔掉了 160K 位元組記憶體，如果要在 Model 165 電腦上跑這個系統，其記憶體租用的計費方式是每 K 位元組每月 12 美元，所以整天都要一直跑的話，你每個月就得付出 400 美元的軟體租金與 1,920 美元的記憶體租金，如果一天只跑四小時，付出的費用就是 400 美元的軟體租金與 320 美元的記憶體租金。

我們常常聽到有人批評某某電腦的 2 M 位元組記憶體，光是作業系統就佔掉了 400 K ，說這種話跟批評價值 2,700 萬美元的波音 747 是一樣的愚蠢，批評前，我們必須先問清楚：「錢花了，它能做什麼呢？」你所花的每一分錢，是如何在使用便利性與執行效能（透過非常充分地利用系統）之間取得平衡的呢？每個月付出去的 4,800 美元記憶體租金如果能用在其他硬體、人員或應用軟體上，會不會更值得呢？

［譯註］

第一架波音 747 推出正式載客營運是在 1969 年年底，作者寫這本書的時候大約是在 1974 年，當時正好是航空業蓬勃發展的時期。雖然波音 747 的價格非常昂貴，但是因為它的高承載量大幅降低了飛行營運成本，所以仍然得到各家航空公司的大量採用。

系統設計師把一些屬於硬體資源的東西常駐到記憶體中，因為他認為這樣比放在加法器、硬碟裏要好，可以讓使用者更加方便，若非如此，便是非常不負責任的做法。該怎麼做，應該要整體考量才行，如果你真的在硬體與軟體之間做了通盤的考量，就沒有人敢在程式大小上批評你做出來的東西。

由於軟體系統的大小對使用者的成本負擔影響非常大，軟體開發人員必須設定空間大小的目標（size target），進而控制程式大小、發展節省空間的技術，這跟硬體開發人員設定元件數量的目標、控制元件數量、發展減少元件數量的技術是一樣的道理。就像花錢一樣，程式大小本身並沒有錯，但是不必要的空間浪費就不好了。

程式大小的控制

對專案管理者而言，程式大小的控制有一部分是屬於技術上的工作，另一部分則是管理上的工作，他必須研究使用者，以及他們的應用情形，並據以決定開發出來的系統該有多大，接下來就要細分出子系統，每個子系統也都要設定出空間大小的目標。因為不同的空間與速度取捨方式所造成的結果差異會相當大，所以設定空間大小的目標是件非常具技巧性的工作，每一個小部分在空間和速度上的得與失都必須了解透徹才行。聰明的管理者還會為自己預留一些彈性，以在工作進行的過程中視情況再做調配。

在 OS/360 的開發過程中，雖然一切都已非常小心，但仍然得到了許多慘痛的教訓。

首先，只設定記憶體空間大小的目標是不夠的，只要是跟空間大小相關的地方，你都必須加以規劃。在此之前，大部分的作業系統都

是存放在磁帶上，而磁帶的存取搜尋相當花時間，這意味著一般人在使用的時候都不會輕易去做載入的動作。然而，OS/360 承襲了前一代 Stretch 作業系統與 1410-7010 磁碟作業系統的特性，它是存放在硬碟上的，由於硬碟的存取動作非常快，所以開發人員用起來很歡喜，但這造成的第一個結果就是效能上的災難。

在為每個組件設定記憶體用量限制的同時，我們並沒有做好存取規劃（access budget），如果要放馬後砲的話，誰都可以猜得到為了達到目標，程式設計師可能會採用重疊（overlay）技術，結果，佔用空間的總量是合格了，但是執行速度卻慢了。更糟的是，我們的監控系統並沒有對這方面做偵測，當然也就沒有發現到這個問題，每個人都就他所負責的部分報告了記憶體的用量，而且看上去每個人都達到了目標，於是就沒有人關心所隱含的問題。

[譯註]

「重疊」是一種以時間換取空間的技術，只把某一時間所需要的指令和資料放入記憶體，當需要載入其他指令時，就將新指令「重疊、覆蓋」在已不再需要的舊指令位址上，這麼做將使程式執行時所佔用的記憶體比程式本身還小，但代價就是增加了指令的切換（牽涉到額外的 I/O 動作），若太頻繁將耗費大量時間。

幸好，我們及早建置了 OS/360 的效能模擬器，一開始，從實測的結果就可以看出我們遇上了大麻煩，我們把系統放在 Model 65 的磁鼓上執行，結果系統每分鐘竟然只能編譯出五行 Fortran H 程式碼！經過深入的追查，才發現原因是出在許多控制模組做了非常大量的磁碟存取動作，其中又以最常被執行到的監控模組為最，這個模組

要經過許多一來一往的存取動作才能把事情做好，其結果簡直就是分頁錯亂（page thrashing）。

［譯註］
程式執行時發現所需要的資料不在記憶體中，便會往硬碟裏抓，要是記憶體已經塞滿了，就會把不需要的資料置換出去，而資料置換的單位是以頁（page）來計算。可以想見，限制可用的記憶體越少，置換的動作就會越頻繁，當程式花在資料置換的時間比花在真正執行的時間還要多時，就叫做「分頁錯亂」。

顯而易見，所得到的第一個教訓就是：必須做好整體空間規劃（total size budget），這不單包括了常駐空間規劃（resident-space budget），背後跟這些有連帶關係的存取動作也應該一併納入考量。

下一個也是類似的經驗，由於我們在為每個模組做明確的功能配置之前，就先為空間大小設定了目標，結果每個程式設計師只要遇上了空間大小的問題，就會去查看他的程式，意圖嘗試越界使用屬於其他模組運用範圍的記憶體，造成記憶體的管理原來是由控制程式來做，現在卻變成使用者要注意的範疇。更糟的是，所有的控制區塊都有相同的問題，其影響層面更擴及到可能得在安全性和系統的防護上做一些犧牲。

所以，也很明顯，得到的第二個教訓就是：在規定某個模組的大小之前，你得先精確定義出這個模組該做的事。

上述的經驗也告訴我們第三個更深刻的教訓。由於我們的專案夠大，在管理溝通方面也夠糟，使得團隊中的許多成員都非常本位地謀取自身的績效，並視彼此為競爭對手，每個人為達自己的目標，只求

局部上的最佳化，很少人會停下來思考最終呈現給客戶的整體效果，這種惡質的想法和溝通是大型計畫裏的主要風險。在整個實作過程中，系統架構設計師必須持續對系統的整體性保持警覺，然而，除了這樣的警覺性之外，根本上還是要看實作人員他們自己的態度，因此鼓吹系統的整體觀與使用者導向的態度，也許是軟體管理者最重要的職責。

節省空間的技術

任何空間上的規劃與管制都還是無法讓程式變小，真要讓程式變小就得靠創意和技術。

很顯然，在相同的計算速度要求下，功能越多就表示越高的空間成本，所以第一種技術就是在功能和空間上做取捨，這引出了一個開發早期就會遇到而且影響深遠的策略性問題，也就是到底要保留給使用者多少選擇性呢？你的程式可以設計成具有許多可供選擇的功能，每項功能分別耗用一點空間，你也可以設計一個程式產生器（generator），只要輸入選項列表（option list），就可以自動打造出想要的程式，但是，不論是什麼樣的選項組合，功能越單一，程式所佔的空間也會越少，就好像汽車一樣，如果車內閱讀燈、點煙器和時鐘合在一起當作一項選擇來定價，這一整套的花費將比單獨選擇時的花費總和要低，所以，給使用者的選項要細分到什麼程度，設計者必須做出決定。

在某個記憶體空間的範圍限制下設計一個系統時，另一個根本的問題就會浮現出來：即使功能經過了良好的細分，我們也無法隨意按細分的結果來更改這個範圍限制。系統越小，就意味著越多的模組必

須重疊使用記憶體，亦即系統的常駐空間會有很大一部分必須放在暫存或分頁區域（transient or paging area）中，這塊區域也有可能會被放進其他程式，其大小決定了所有模組的大小。把各個功能切分成小塊模組，必須付出效能與空間上的雙重代價，即使是大系統，大到把暫存區域擴大二十倍，頂多也只能減少存取的次數罷了，因為模組還是必須切得很小，所以速度與空間的損失都還是很大，這種情形限制了系統中各個模組所能追求的最大效益。

　　第二種技術是在空間與時間上做取捨。對同一個函式而言，能用的空間越多，執行速度就越快，這個道理幾乎在任何情況下都能成立，所以非常適合用來做為安排空間規劃的參考。

　　管理者可以做兩件事情，以幫助他所帶領的團隊能在空間和時間的取捨上做出良好的決定。第一件，就是確保大家的本事是真正透過程式設計的技術訓練而來，而不是僅憑個人的天賦或過去的經驗，尤其在面對新語言或新型機器的時候，這點是格外重要，一些新技巧的竅門需要快速傳授並廣泛分享，也許要用一些特別的獎品或口頭稱讚來鼓勵新技術的學習。

　　第二件，是認知到寫程式有它專業的技術，組件是要去創造才有的。每個專案都應該有個手冊是專門蒐錄關於佇列（queuing）、搜尋（searching）、雜湊（hashing）、排序（sorting）的一些很棒的副程式或巨集，這本手冊所蒐錄的每一個函式都應該至少包括兩套程式碼，一套是執行速度最快的，一套是使用空間最少的。像這樣重要而務實的技術推展工作是可以和系統架構設計同時並行的。

資料的呈現方式是程式設計的本質

更棒的技巧則要靠創新。又小、又快、又好的程式幾乎都源自於策略上的突破，而非技術上的取巧，有時，這種策略突破是一種新演算法（algorithm）的發明，例如：Cooley-Tukey 的快速傅立葉轉換法，或是將排序演算法的複雜度由 n^2 推進到 $n \log n$。

　　更常發生的策略突破則是來自於重新思考資料（data）或表格（table）的呈現方式（representation），這也是程式的根本所在。給我看你的流程圖，但不告訴我你所用的表格，我將會一頭霧水；給我看表格，則通常就沒有必要再看流程圖了，因為已經夠清楚了。

> ［譯註］
> 「資料或表格的呈現方式」以當今的專業術語來說就是「資料結構」，
> 而「流程圖」所隱含的意義就是「演算法」。

　　很容易就可以舉出許多靠著呈現方式的創造而展現出來的威力，我記得曾經有個年輕小伙子負責為 IBM 650 建立一個挺煞費苦心的控制台解譯器（console interpreter），在空間是那麼寶貴的情況下，他認知到人與控制台的交互溝通是緩慢而不頻繁的事實，於是他就創造了一個解譯器的解譯器（interpreter for the interpreter），使空間縮減到了令人驚奇的程度。Digitek 公司的 Fortran 編譯器非常短小精悍，這個編譯器的程式碼本身採用了一個非常緊密的特殊資料結構，於是不需要外部的儲存空間，雖然解出這個資料結構必須耗費額外的時間，但是因為少了輸出入的動作，所省下來的時間是十倍於所耗費的時間。（在 Brooks 和 Iverson 合著的《*Automatic Data Processing*》[1] 書

中，第 6 章結尾的練習題裏收錄了許多這類例子，Knuth 書中的練習題也有不少範例[2]。）

　　當程式設計師為了空間不足的問題而顯得黔驢技窮之際，通常最好的做法，就是從程式碼中跳脫，回過頭去重新思考一下他所用的資料。資料的呈現方式是程式設計的本質（Representation is the essence of programming）。

10

文件假說
The Documentary Hypothesis

10
文件假說
The Documentary Hypothesis

假說：

在成堆的書面資料中，有一小部分關鍵性文件記錄著任何專案管理的核心
工作，而這些文件是身為管理者最重要的工具。

The hypothesis:

*Amid a wash of paper, a small number of documents become the critical pivots
around which every project's management revolves. These are the manager's
chief personal tools.*

W. Bengough ，「古老議會圖書館的景象」，1897 年
The Bettman Archive

某個領域的專業技術、產業結構，以及傳統慣例，共同造就了該領域紙上規劃作業的內容，也就是專案必須要準備的東西。對於一個從技術階層出身、首次擔任管理者的人而言，規劃作業似乎是繁瑣、無趣的麻煩事，一大堆文件紙張像是白色的浪潮，彷彿要吞噬了他，的確，多數的情況真的是如此。

然而隨著經驗一點一滴的累積，管理新手有一天會明瞭，他大部分的管理工作總是由成堆文件中的某一小部分具體呈現出來，準備這一小部分文件是為了讓思考集中，並且使討論言之有物，而非淪為漫無目的的空談，所以非常重要。管理者在維護這類文件的時候，其實相當於是在運作他的監督和預警機制，這類文件本身可以用來做為檢查列表、狀態監控，也可以當作是他提交工作報告時的資料庫。

為了看清楚軟體專案在執行時，管理者該做哪些規劃工作，我們在此先觀摩一下其他領域的規劃作業，看看是不是能從中歸納出什麼共通性。

規劃電腦產品的文件

假如我們要開發一個電腦產品，有哪些關鍵文件是必須先準備的呢？

目標　定義出最終必須滿足的需要、必須達成的目標、期望、限制，以及各項目標的優先順序。

規格　電腦的操作手冊與性能描述，這是開發任何一項新產品時所必須優先準備的文件之一，並且也是最後完成的文件。

時程

預算　預算的編列不僅僅是個限制，也是對管理者最有幫助的文件之一，有了預算，將迫使在技術上必須做出決定，否則就有可能變得模稜兩可，更重要的是它能影響並釐清政策上的判斷。

組織編制圖

場地配置

預估、預測、定價　這三者是相互循環影響的，也決定了專案的成敗：

　　為了進行市場預測，必須先有初步的性能描述並估計定價，根據市場預測，就可以得到市場需求量的估計值，需求量估計值搭配產品的零件數量，就可以計算出製造成本，據此就可推算出平攤到開發階段的平均單位成本與固定成本，而平均單位成本又可用來推算定價。

[譯註]

以上的計算整理如下：

市場需求量＝以定價估計值與產品性能進行市場預測所得到的結果
單件產品的材料成本＝單件產品的零件數量×各零件的材料費用
製造成本＝市場需求量×單件產品的材料成本
平均單位成本＝（製造成本＋固定成本＋管銷成本）／市場需求量
定價＝平均單位成本＋單件產品的合理利潤

其中，固定成本就是不因營業量增減而有所變動的成本，如租金。
管銷成本為管理和行銷方面的花費。

　　如果推算出來的定價比一開始估計的定價還低，那就是一個令人愉快的定價預測循環（pricing-forecasting spiral），市場預測的需求量還會上升，平均單位成本又會下降，於是又可進一步降低定價。

　　如果推算出來的定價比一開始估計的定價還高，那麼就是一個蠻糟糕的定價預測循環，所有造成高定價的影響因素都必須想辦法克服，效能要被壓縮，要額外開發新的應用方式以提升市場需求量，成本也要盡可能壓低。整個循環的壓力形同一種修練，常常造就出行銷人員和工程人員完美的合作。

　　上述的循環有時會造成荒謬的搖擺不定，我記得曾經有個電腦的指令計數器（instruction counter）一直在要或不要放入記憶體之間猶豫不決，三年之中每六個月就改變一次，某一階段需要提升效能，該指令計數器就以電晶體來實作，而下一階段成本卻變成優先考量，該指令計數器就改以某個記憶體位置來實作。我曾經在另一個專案中見過一位非常高竿的工程管理人員，他像一個變速器一樣，會特別留意並抑制這種來自於行銷管理人員的搖擺不定。

規劃大學系所的文件

雖然在目的上和執行上，成立一個大學系所跟開發電腦產品有著很大的差異，但是大學系主任所提出來的規劃文件中，最關鍵的部分卻有非常高的相似性。教務長、教職員會議、系主任所做的每項決議，其內容幾乎都是在針對下列項目進行制定與修正：

目標

課程說明

學位要求

研究提案（申請經費時，得附計畫）

課程與教學計畫

預算

場地配置

師資與研究生的配置

　　注意這些項目跟規劃電腦產品很類似：目標、產品規格、時程配置、預算配置、場地配置、人力配置。只有在學費的定價方面沒有文件，因為這是州議會做的事。造成這些雷同並非偶然——任何管理工作所關心的都是人、地、時、物、錢。

規劃軟體開發專案的文件

很多軟體專案都是一開始在會議裏為架構爭論不休，然後開完會大家就開始寫程式。然而，不論多小的專案，英明的管理者會立即從最關鍵的管理文件開始著手，以初步建立他的管理資料庫，而這最關鍵的管理文件，經證實與其他領域的管理者所規劃的文件並無不同。

做什麼（What）：目標　定義出最終必須滿足的需要、必須達成的目標、期望、限制，以及各項目標的優先順序。

做什麼（What）：產品規格　以提案的形式開始，專案結束時將成為操作手冊與內部性能描述，其中，有關執行速度與耗用空間的部分

是重點。

何時做（When）：時程

多少錢（How much）：預算

哪裏做（Where）：場地配置

由誰做（Who）：組織編制圖　這竟然與介面規格息息相關，如 Conway 定律所述：「從事系統設計的組織所設計出來的系統將會像是組織溝通結構的翻版。」[1] Conway 接著指出，組織編制圖會初步反映出系統第一次的設計成果，而此設計幾乎可以確定並不是我們要的。如果設計出來的系統必須擁有持續修改的彈性，那麼組織也必須設計成利於改變。

為什麼要有正式文件？

第一，把決策寫下來是最起碼的事情。只有把事情真正寫下來，遺漏和矛盾之處才會顯露出來，也唯有把「寫」這個動作確實做出來，才能導引出更多細節的決定（mini-decision），那正是從模糊不清之中理出清晰而明確政策的具體方法。

　　第二，文件有傳達決策給他人的功用。管理人員常常大吃一驚，因為他以為他所確立的政策應該算是個基本常識，但他的部屬之中，就是有人對這些完全搞不清楚。由於管理者的基本工作就是要保持組織裏每一個人都朝同一個方向前進，所以他每天的主要工作就是溝通，而非做決定，寫文件將大大減輕他的溝通負擔。

　　最後，文件提供管理者一個資料庫和檢查列表，只要定時審視這

些文件，他就可以看清楚他的位置，也可以看清楚哪裏方向走偏了，或是需要修正的地方。

　　我並不建議依賴業務員所使用的「全面管理資訊系統」（management total-information system），例如管理者想要知道什麼資料，只要對電腦敲入一個查詢命令，螢幕就會把資料顯示出來。這對管理者應該不會有什麼太大的幫助，原因很多，其中一個原因就是管理者只有一小部分——也許是 20%——的時間是花在從外界獲取他所需要的資訊，大部分的時間統統都是在做溝通：傾聽、報告、引導、訓勉、商議、激勵。至於屬於必須仰賴資料的那一部分，只有少數關鍵性的文件是至關重要的，並且幾乎足以應付所有的需要。

　　管理者的工作就是制定計畫，然後實現它，但唯有將計畫寫下來，整個開發工作才能做精確的推動與溝通，像這樣的計畫就是指定人、地、時、物、錢的文件，這一小部分關鍵性的文件囊括了管理者大部分的工作，這些文件廣泛的涵蓋面與關鍵地位如果在一開始就能被明瞭，管理者就會將之視為友善的工具，並且樂於親近它們，而不會將之視為惱人的無聊東西，他將更快、更明白地確立出他要走的方向。

11
失敗為成功之母
Plan to Throw One Away

11
失敗為成功之母
Plan to Throw One Away

這世界唯一不變的就是這世界一直都在變。

斯威夫特

There is nothing in this world constant but inconstancy.

SWIFT

你得以平常心看待失敗，試試這個，如果行不通，就老老實實接受行不通的事實，再試試那個。總之，要成功，就得去試一試。

富蘭克林・羅斯福[1]

It is common sense to take a method and try it. If it fails, admit it frankly and try another. But above all, try something.

FRANKLIN D. ROOSEVELT[1]

Tacoma Narrows 吊橋因空氣動力的不良設計而倒塌，1940 年
UPI Photo / The Bettman Archive

斯威夫特（Jonathan Swift, 1667～1745），愛爾蘭牧師兼諷刺作家。

富蘭克林‧羅斯福（Franklin D. Roosevelt, 1882～1945），美國第32任總統。

1940年11月7日，Tacoma Narrows 吊橋自開始通行後才四個月，就在一陣每小時42英哩的「和風」吹拂下倒塌了，倒塌的原因並非是風力造成，而是因為風所引起渦流的頻率恰巧與橋本身的自然振盪頻率發生了共振所致。

　　雖然Tacoma Narrows 是座失敗的橋，但是因為這個失敗，建築師們得到了避免設計出產生共振結構的寶貴經驗，於是，後來的橋都造得很成功。

先導試驗工廠與擴大規模

很久以前，化學工程師就從過去的經驗裏得知，一個在實驗室裏順利完成的化學反應，要真正拿到工廠裏量產並不是一蹴可幾的事，過程中得有個先導試驗工廠（pilot plant），在條件不如實驗室理想的環境中獲取經驗之後，再擴大規模（scaling up）。例如：就一個實驗室裏的海水淡化程序而言，不妨在先導試驗工廠中，以每天 1 萬加侖的淡水產量進行測試，然後才正式把它用在每天 200 萬加侖的社區用水系統上。

軟體系統的開發人員也面臨過同樣的問題，但似乎還沒有真正學到教訓，一個又一個的軟體專案都是匆促設計了幾個演算法之後，便一股腦兒投入按照時程要交付給客戶的第一個系統。

在大部分的專案中，第一次出爐的系統絕少是有用的，也許執行速度很慢、太佔記憶體空間、很難操作、或以上皆是，於是在別無選擇的情況下，就得重做。重新設計過的版本是越做越聰明，把先前遭遇到的問題統統解決掉，這種丟掉和重做的過程如果運氣好的話，也許可以一次全部搞定，但也有可能是一小部分、一小部分地丟掉重做。此外，所有開發大型軟體系統的經驗都顯示，丟掉重做總有一天會做成功的。[2] 無論是一個系統的新概念或新技術，都不可能一開始就百分之百完全掌握，計畫做得再完美都還是會百密一疏，所以你必須有丟掉重做的準備。

因此，就專案管理而言，你無需煩惱是否要做一個試探性的系統，然後將之丟棄，因為到時候你勢必就會這麼做。唯一的問題，就是要預先規劃去做一個本來就打算丟掉的試驗品，還是要明確告訴顧客將會收到一個肯定可以丟掉的東西？從這個角度看來，答案其實很

明顯，把一定會丟掉的東西交給顧客，是可以爭取到更多時間，但這麼做換來的代價則是顧客的抓狂，開發人員重新設計的時候會被擾亂，就算是使盡全力重新設計，顧客也將抱持懷疑的負面評價，你很難一雪前恥。

　　所以，無論如何，把必然的一次失敗納入正式計畫之中（plan to throw one away; you will, anyhow）。

唯一不變的就是變

試探性的系統一定會做後即丟，修改先前的構想重新設計也將無可避免，一旦認清到這個事實，將有助於你面對改變。第一步就是要接受改變的事實，並把它當作是很稀鬆平常的事情，而非倒楣和惱人的意外。Cosgrove 敏銳地指出，與其說，你交給使用者的是個實體的產品，不如說，你是在滿足他的需要，而不論是實際上的需要，或是使用者對這些需要的認知，都會在軟體開發、測試和使用的過程中發生改變。[3]

　　當然，這種現象也會發生在硬體產品上，也許是新車，也許是新電腦，但硬體是有形的，使用者提出的變更要求比較可以量化（quantize）並加以節制，然而軟體產品是無形的，加上它易於操控（tractable）的特性，使得開發人員必須面臨需求上無窮無盡的改變。

　　對於客戶在目標和需求上的種種改變，我無法建議是否必須、能夠，或是應該納入設計，但很明顯地，定義出一個底限是必須的，而且隨著專案進行，這項限制應該要越來越嚴格，否則沒有任何產品會完成。

　　無論如何，一些目標上的改變是免不了的，你最好不要有鴕鳥心

態，並且要準備好接受改變。不只是目標會改變，軟體開發的策略和技術也一樣會改變，丟掉重做的概念本身就是要讓你接受先學到竅門、然後改變設計的事實。[4]

使系統利於改變

如何設計一個系統，好讓它利於改變，這方面的方法在文獻中都有廣泛的討論——不過也許是說的多而做的少，這些方法包括小心地模組化、善用副程式、為內部模組之間定義出明確而完整的介面，並寫出完整的文件。你也必須盡可能使用標準的呼叫程序（calling sequence）和表格驅動技術（table-driven），不過很少人能察覺到這點。

［譯註］
「表格驅動」就是把程式執行時所用到的參數或設定值存放在一個表格檔案中，而不是寫死在程式裏，當有需要改變時，就只要更改表格的內容即可，不必修改程式。

更重要的是運用高階語言和自我說明技術（self-documenting），以減少因改變而造成的錯誤。透過編譯時期的操作，將標準宣告融入程式的做法也非常有助於因應變化。

把改變予以量化是一個很基本的技巧，每個產品都應該有一系列編號的版本，而每個版本都必須各自擁有自己的時程與凍結日期，凍結後的改變都應該算在下一個版本上。

使組織利於改變

Cosgrove 提倡將所有的計畫、里程碑、時程都視為暫時性的，以利於在因應變化的時候動態調整。以下的說法也許有點誇張——當今軟體開發團隊失敗的共通原因並不是因為太多管理，而是缺乏管理。

無論如何，Cosgrove 提出了一個非常棒的見解，他觀察到設計人員不願意寫設計文件的原因不僅僅是由於懶惰或時程太趕的緣故，而是因為設計人員心裏明白有些設計決策是暫時性的，所以他不願意把它寫出來，然後還要為這些文件解釋老半天，「如果他把設計寫成了文件，就有可能會讓他遭受眾人不必要的質疑，他必須對他所承諾的任何東西都能夠自圓其說，如果組織上的結構會讓人遭受到任何形式的威嚇，那麼，除非一切都很圓滿穩定，否則是不會有任何東西會寫成文件的。」

要形成一個利於改變的組織，比設計一個利於改變的系統還要難，分派給每個人的工作必須能夠讓他學習到新的東西，好讓整個團隊的實力保有技術上的彈性。在大型專案中，管理者通常還需要保留兩到三位頂尖的程式設計師來充當機動部隊，以當某個部分吃緊的時候，就有救火隊馳援。

當系統改變時，管理的結構也必須搭配著改變，這意味著身為老闆必須非常留意，只要他底下的管理和技術人員能力許可的話，就應該保持這兩種不同角色的職位互換。

由於這種做法基本上是和一般的社會文化相違背的，所以必須持續留意以剷除這些文化上的障礙。首先，專案經理往往都會主觀認定老手是「非常珍貴」的，捨不得讓他實際參與寫程式的工作；其次，一般人都認為從事管理工作的地位較高。為了打破這些觀念，有些組

織，像是貝爾電話實驗室，就廢除了所有的工作頭銜，每個專業員工
都算是「技術人員的一份子」。其他還有 IBM 公司，它建立了一個雙
梯式（dual ladder）晉升結構，如圖 11.1 所示，左右對稱的職位在制
度上的位階是平等的。

　　但是，即使能輕易地為同等位階的職位設置同等的薪資結構，卻
很難讓兩者有同等的地位，包括他們的辦公室可能也要弄成一樣大，
裏頭的配備要一樣，祕書或其他的行政支援也要公平。如果從技術階
梯轉任到管理階梯中同等位階的職位，那麼在管理上就不應該伴隨著
待遇的提升，而且必須宣佈這是項「調職」，而非「晉升」，反之，就
應該調高待遇。組織的設計必須能補償這類文化上的差異。

　　管理人員必須不時去上一些技術課程充充電，資深技術人員也必
須接受管理方面的訓練，專案的目標、進展的狀況、管理上的問題都
有必要讓所有的資深人員知曉。

　　只要能力許可，資深技術人員不但得維持住自己的技術專業水
準，還得激勵他隨時有接受管理職位的準備，並樂於憑自己的本事建

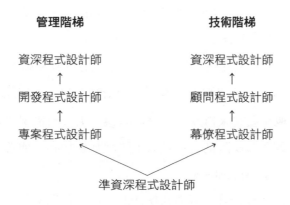

圖 11.1　IBM 公司的雙梯式晉升結構

立專案計畫。要做到這些,組織必須投注相當的心血才行,但這麼做是值得的!

　　整個外科手術團隊的概念正可用來對付這類問題,這種團隊使資深技術人員在帶領專案時不會感到這是份地位不如管理的工作,也不會因為一些文化上的外界看法而干擾到他的創作樂趣。

　　更進一步地說,這種團隊還可以減少組織溝通的介面,使組織保有最大的彈性應付改變,當組織變動或有任何需要時,整個外科手術團隊隨時都可以輕易接手另一個不同的專案。要創造一個富於彈性的組織,這真的是個長遠的做法。

進兩步,退一步

軟體的變動並不會因為軟體已經交付給顧客之後就停止,軟體交付之後的變動叫做**軟體維護**(program maintenance),基本上,這個過程與硬體維護截然不同。

　　一個電腦系統的硬體維護包括三項步驟──把壞掉的元件拆下來並換上好的元件、清潔並上點潤滑油、修正一些工程設計上的瑕疵(雖非全部,但這類修正絕大部分都僅止於實作上的修改,而非架構上的翻修,於是,使用者可能根本察覺不到有什麼變動)。

　　軟體維護不需要清潔,不需要上潤滑油,也不會有元件壞掉這種事,它的變動主要是來自於修正設計錯誤,更多的情況則是為了增加新功能,反觀硬體維護則很少是為了要增加新功能。通常,這些變動對使用者而言是看得到的。

　　一般來說,要維護一個廣為使用的軟體,起碼必須付出相當於開發成本 40% 的代價,甚至更高。令人意外的是,軟體的使用者越

多，維護成本就越高，這是因為使用者越多，所發現到的錯誤也就越多的緣故。

任職於麻省理工學院核子科學實驗室的 Betty Campbell 提出了一個有趣的現象，如圖 11.2 所示，在軟體交付（release）後的生命週期中，於舊版本裏發現並解決掉的錯誤，在推出新版本後很可能又會冒出來，而新版本裏所加入的新功能也會造成新的錯誤，剛開始的前幾個月，這種現象也許會慢慢減輕，以為進行得很好，但後來錯誤發現率又會開始上升，Campbell 小姐認為這是因為有越來越多的使用者在這段期間內已經對這套軟體非常熟悉，也對新功能有了更完整的嘗試，如此嚴酷的檢驗使發現到的錯誤越來越多，也越來越難解決。[5]

軟體維護所遭遇到的一個重要問題，就是因修正錯誤而導致其他錯誤的可能性相當高（約 20 ～ 50%），所以這整個過程相當於是進兩步，退一步。

那麼，為什麼不將錯誤一次修改好呢？第一，即使是棘手的錯

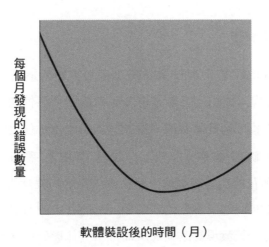

圖 11.2　軟體交付後的生命週期與發現錯誤的數目之間的關係

誤，通常也只顯現在局部的現象之中，實際上卻很可能牽連甚廣，而且不明顯，然而一般在解決錯誤的時候都傾向於盡可能花最小的代價，並只專注在局部或明顯之處，所以，除非軟體的結構非常單純，或是文件寫得非常好，否則往往只是治標而沒有真正治本。第二，負責修改錯誤的人通常不是程式原作者，而是菜鳥或新手。

　　了解到修正錯誤將導致新錯誤的現象之後，就不難理解軟體維護必須搭配比一般發展時更多的系統測試。理論上，每修正一個錯誤之後，都應該將之前所有的測試案例（test case）統統拿來測一遍，以確保修正錯誤的過程中沒有破壞到原有的正常功能，要做到像這樣完整的迴歸測試（regression test），付出的成本是相當高的。

　　明顯地，如果能在設計軟體的時候善用一些方法，以減少或至少留下文件說明那些變動將造成某些副作用，對於節省軟體維護的成本將有很大的助益。實作時，用較少的人、較少的介面，錯誤也會比較少。

進一步，退一步

Lehman 和 Belady 對大型作業系統新舊版本的演進過程做了一項研究，[6] 他們發現，模組的總數是隨著版本編號呈線性遞增，但模組之間彼此牽連的程度卻是隨著版本編號呈指數遞增，任何修改的動作都有破壞原有軟體結構的傾向，並且會增加系統的紊亂程度（entropy），所花的功夫越來越少是在解決原始的設計問題，倒越來越多是花在修正舊問題所導致的新問題上，隨著時間流逝，系統越改越複雜，終於有一天發現修改軟體反而得不到什麼好處，變成進一步，退一步。雖然原則上它能永續使用，但它終究會被修改得面目全非，

不再適合用來做為改版的基礎。此外，硬體會變，環境會變，使用者的需求也會變，所以事實上軟體的壽命有限，到時候就需要重新設計一個全新的系統了。

透過統計模型的研究，對於軟體系統，Belady 和 Lehman 最後得到了一個其實是古老經驗的共通結論，就是 Pascal 所說的：「任何事物總是在開始的時候最完美。」C. S. Lewis 則說得更為傳神：

> 這正是歷史的關鍵。耗盡了駭人的精力──文明被建立──卓越的制度被發明，但每次都會出些差錯。某個致命的缺陷總會招來自私、殘暴的人們主宰一切，到頭來又會走向苦難與毀滅。實際上，這很像機器失靈的過程，一開始都很好，運作了一陣子，然後故障。[7]

若說軟體開發是一個簡單化而逐漸趨於穩定的過程，那麼軟體維護則是複雜化且逐漸趨於混亂的過程，即使有很好的技巧，頂多也只能減緩這種趨勢，軟體終究會走到落伍、再也無法修改的那一天。

12

神兵利器
Sharp Tools

12
神兵利器
Sharp Tools

巧匠以他所使用的工具而聞名。

諺語

A good workman is known by his tools.

PROVERB

A. Pisano ，「雕刻」，佛羅倫斯 Santa Maria del Fiore 教堂鐘樓上的浮雕，1335 年
Scala/Art Resource, NY

到目前為止，許多軟體專案在工具的運用方面仍然像個機械修理店，每個技工師傅都擁有他個人專用的一套工具，這套工具他窮其一生都在蒐集，並且小心珍藏著——以彰顯他個人的專業技術。同樣的，程式設計師也會擁有小型編輯器、排序演算法、二進位碼傾印（dump）、磁碟工具程式……等等，收藏著備用。

　　但是，這種方式對軟體專案來說其實是個很笨的做法。第一，軟體開發最基本的問題是在溝通，個人化的工具對溝通無益，而且會阻礙溝通；第二，如果換成了不同的機器或採用了不同的語言，所搭配的技術也會跟著改變，所以，工具的生命週期會很短暫；最後，做為通用的軟體工具，如果統一進行開發和維護，顯然是比較有效率的做法。

　　光具備通用型的工具還不夠，比較特殊的需求或屬於個人偏好的部分，都一樣會有特殊化工具的需要，所以之前在談軟體開發團隊的時候，我主張每個團隊都應該配置一位工具專家，通用型的工具他都精通，而且只要使用上有任何問題，他都可以提供指引，也能依照老闆的需要來量身打造特殊的工具。

　　所以，身為專案經理，必須建立起一套運作哲學，一方面不但要配置資源以建立共用工具，同時也必須認知到特殊化工具的需要，不吝於他所帶領的團隊建立屬於他們自己的工具。有些人在無意之間會產生一種誘人的想法，就是覺得應該將這種分散到各個小組的工具專家集合起來，擴大共用工具小組的編制，如此就會得到更佳的效率，但實際上並不會如此。

　　有哪些工具是管理者必須加以思索、規劃和組織的呢？首先是電腦設備，這需要機器，對於機器的使用時間，也必須決定好安排方式；機器之上需要作業系統，並且必須建立好服務法則；作業系統之

上需要語言，而且必須制定出語言政策。其他還有工具程式、除錯輔助軟體、測試案例產生器，以及供編寫文件之用的文書處理系統。讓我們逐一來探討。[1]

目標機器

把機器設備的支援區分為目標機器（target machine）和工具機器（vehicle machine）是個蠻務實的分類方式，目標機器就是正開發中的軟體最後要放在上面執行的機器，而軟體最後也必須在這種機器上進行測試，工具機器則是在軟體開發過程中，用來提供某些服務的機器。如果是為一種現存的電腦來開發新的作業系統，那麼同一種機器就有可能同時當作目標機器和工具機器。

目標機器的種類　如果是開發新監督程式（supervisor）或其他系統核心（system-heart）這類軟體的開發團隊，當然有必要配備屬於他們自己專用的機器，而這類系統將需要搭配一些操作員和一到兩位系統程式設計師，以負責維護這些機器的標準支援，使之能夠維持在最新而且可用的狀態。

　　如果需要的是個別使用的機器，那麼配備的就是比較獨特的東西──速度也許不需要太快，但至少具備百萬位元組的主記憶體、億萬位元組的線上磁碟空間，以及許多終端機，終端機只需要能夠敲入數字與字母即可，但必須具備一般打字機每秒至少處理 15 個字元的速度。待功能測試完成後，經由考量重疊技術（overlay）和空間削減（size trimming），便可以騰出大量記憶體以提高生產力。

　　除錯用的機器或軟體也是必須配備的工具，這樣，程式裏的各種

參數在進行除錯的時候便能夠自動計算與量測，例如：記憶體使用模式（memory-use pattern）就是一個威力強大的偵錯機制，可以用來找出邏輯上的異常行為，或是意外造成效能不佳的原因。

安排上機時間　當目標機器是新機種，而我們所開發的正是它的第一個作業系統時，上機時間（machine time）是非常寶貴的，於是排班輪流使用機器便成為主要的問題。目標機器的使用時間需求量可以畫出一條特殊的成長曲線，以開發 OS/360 為例，我們擁有不錯的 System/360 模擬器和其他一些工具機器，根據過去的經驗，我們可以預先規劃出需要使用 System/360 的時間，並及早從製造廠那裏取得機器，但是我們卻發現機器一直被閒置在那裏，一個月、一個月地過去了，然後突然有一天，16 個開發中的系統全部都需要載入到機器裏執行，於是分配上機時間便成了問題。機器的使用情形如圖 12.1 所示，每個人幾乎都會在同一時間開始對他所開發的第一個組件進行除錯，而在此之後，開發團隊的大部分人都持續在進行除錯。

　　我們把所有的機器和磁帶庫全部集中起來，成立了一個經驗豐富

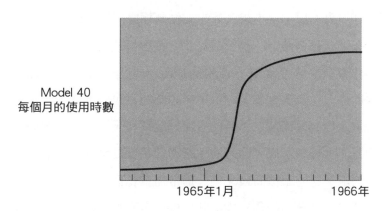

圖 12.1　目標機器使用時間的成長情形

而專業的機房小組來管理這些設備，為了盡可能發揮 System/360 原本供不應求的上機時間，對於所有的除錯工作，只要有任何一台機器空出來而且適當的話，就用整批（batch）處理的方式來執行。我們嘗試每天執行四次（回覆時間為兩個半小時），而實際上需要的卻是四個小時的回覆時間，還用了一台 IBM 1401 電腦與終端機來輔助做排班的工作，持續追蹤上千個工作，並監控回覆時間（turnaround）。

> [譯註]
> 「整批」就是把大家要執行的程式集合起來，一次丟給電腦執行，待全部程式都執行完畢之後，大家才一起得到結果。「回覆時間」是從使用者將工作交付給電腦到電腦完成工作並將結果回覆給使用者的這段時間。

但是，上述的做法其實搞得有點過火，在忍受了幾個月緩慢的回覆時間、相互指責，以及其他折磨之後，我們將上機時間改為用較長的時間區段來分配，例如：一個負責開發排序機制的十五人小組將可分配到四到六小時的時段，這段時間任由他們自己安排，就算他們把機器空在那裏不用，該小組以外的人也無權使用那台機器。

於是就這樣演進到一個比較好的分配與排班方式，雖然機器的使用率也許會有點低（實際上通常並不低），但是生產力卻增加了，對小組內的每一位成員來說，在六小時的時段裏可以進行十次除錯，其生產力遠比分開成兩個三小時的生產力還要好，這是因為換來了較多的全神貫注，縮短了思考的時間。經過像這樣的全速前進之後，一個小組在要求下次的上機時段之前，通常需要花個一到兩天進行紙上作業，而通常三個左右的程式設計師便可以很充實地自行分享並安排所

爭取到的時段，所以，對開發中的新作業系統進行除錯的時候，這種做法似乎是使用目標機器的最佳方式。

　　系統除錯通常像觀察天文一樣是個夜晚工作，這雖然在理論上很難說得通，卻往往是很務實的做法。早在二十年前，在 IBM 701 這台機器上，我就開始用這種很有生產力但脫離常軌的方式在天亮之前工作，當時所有的機房管理者都在家裏呼呼大睡，而機器操作員礙於常規，對這種做法也蠻反感的。如今，電腦的進步又經歷了三代，技術也完全改變，作業系統誕生，但是這種我喜愛的工作方式並沒有改變，正因為這種方式最有生產力。現在，你應該可以意會到這種生產力，並敞開心胸接受這種有利的務實做法。

工具機器與資料維護

模擬器　如果目標機器是新機種，我們便需要為它準備一台邏輯模擬器（logical simulator），以在真正的目標機器誕生之前，當作除錯用的工具。即使是在目標機器已經備妥的情況之下，運用*可靠*的除錯工具機器仍然是很重要的做法。

　　*可靠*跟*精確*不同，就某方面來說，模擬器當然不能和新型機器架構的一個真實而精確的實作相比，但模擬器的實作不會變，今天和明天都一樣，新型機器的硬體則可能會變。

　　我們現在已經習慣於認定電腦硬體總是會正確地運作，就一個應用程式的設計師而言，對於完全相同的兩次執行，除非真的看到了系統表現出不一致的行為，否則他多半會被建議先從程式裏去找錯誤，而不會懷疑毛病是出在機器上。

　　然而，對於為新機種而寫的程式而言，這是個不良的習慣。在實

驗室裏製造、正式量產前，或是早期的硬體，並不會按照定義運作，不可靠，也不會天天保持不變。當發現有錯誤的時候，工程上的異動將影響到所有的同型機器，也包括正在為這種機器開發軟體的團隊，遇上這種開發基礎的變動實在是有夠糟，更糟的是硬體上的故障通常是斷斷續續，時有時無，最糟的是不確定性，因為那會使一個人喪失勤奮追查程式錯誤的誘因——那可能根本不是程式的問題。所以，採用一個已經成熟的工具機器來當作可靠的模擬器，其耐用的程度將遠超乎你的預期。

編譯器和組譯器工具機器　理由相同，我們希望將編譯器和組譯器放在可靠的機器上運作，用來編譯出給目標機器用的目的碼（object code），這種做法使我們可以先在模擬器上進行除錯。

　　以高階語言編寫程式，在全面於目標機器上進行測試之前，我們可以先在工具機器上藉由編譯程式與測試目的碼來進行許多除錯工作，這樣一來，我們除了可以因使用穩定的機器而得到可靠的好處之外，還可以因在目標機器上直接執行而兼顧到效率，而不是全盤採用模擬的做法。

程式庫與程式的管制　開發 OS/360 時，一個工具機器非常成功而重要的運用就是程式庫的維護，在 W. R. Crowley 的領導下，我們建置了一套連結兩台 7010 電腦的系統，並共享了一個容量很大的磁碟資料庫，在 7010 上也提供了 System/360 的組譯器，不論是原始程式或已經完成組譯的載入模組（load module），所有已測或待測的程式碼統統都被掌握在這個程式庫之中，事實上，這個程式庫依不同的存取規則又分為幾個子程式庫。

　　首先，每個小組或程式設計師都擁有一塊區域，用來存放自己所

寫的程式副本、測試案例，以及為進行組件測試而自行製作的測試鷹架（scaffolding），在這個局部自由區域（playpen）裏，他可以隨意對他的程式做任何處置，沒有任何限制，這區域裏的東西都是屬於他個人的。

當某個人所負責的組件已經準備好要整合到更大的系統中的時候，便把程式的一份副本交給這更大系統的管理者，這位管理者就會把這份副本放入系統整合子程式庫（system integration sublibrary）之中。現在，這部分的程式除非經過這位整合管理者的同意，否則原程式設計師是不能改動的。像這樣一個由各個組件所組成的系統，後加入的組件就會被納入進行各種系統測試、偵錯、除錯。

有時，某個系統的版本到了可以做為更廣泛應用的時候，這個版本就可以晉升（promote）到現行版本子程式庫（current version sublibrary）中，除非是為了修正重大錯誤的不得已情況下，否則這個版本是不得輕易更動的，它已經準備妥當，隨時得用來跟其他新開發好的模組進行整合與測試。在 7010 電腦上有一份程式目錄，用來對每一個模組的每一個版本的狀態、去向、異動持續進行追蹤。

這裏有兩個重要觀念：第一，是控制，也就是將程式的一份副本歸管理者擁有，只有他有權認可這份程式的異動；第二，是將程式的整合與交付（release）從局部自由區域裏予以正式區隔（formal separation）出來並演進（progression）。

我個人認為這些觀念是開發 OS/360 過程中做得最棒的事情之一，其實這似乎是一些大型軟體專案所開發出來的一部分管理技巧，包括貝爾電話實驗室、國際電腦有限公司和劍橋大學這些機構，[2] 原本是用於文件的管理，然而對程式的管理卻一樣適用，這是個不可或缺的技術。

程式編寫工具　當新的除錯技術出現，舊技術也許會因此而式微，但不會就此消失，所以我們還是需要傾印、程式碼檔案編輯器、記憶體即時擷取（snapshot），甚至追蹤工具。

我們同樣也需要一整套的工具程式，來幫助我們將手邊的工作成果儲存到硬碟裏、製作磁帶備份、列印檔案、更改歸檔目錄，假如這些能夠在專案進行的初期就交給工具專家來建立，那麼相關的準備工作就可以一次搞定，而在需要的時候就有得用。

文件編寫系統　在所有的工具當中，最能節省大量人力的也許就是電腦化的文書編輯系統，那讓我們可以在一個可靠的工具機器上進行文件的編寫操作，像這樣便捷的工具我們就有一套，是由 J. W. Franklin 所建立的，如果沒有這套工具，我預料 OS/360 的使用手冊將會更遲才能完成，並且更加晦澀難懂。或許有些人會抱怨，因為有了這套工具，也使得 OS/360 使用手冊的份量多到得用六呎高的書櫃才裝得下，這麼多的書面文字將令人難以消化，冗長的說明反而更不易讓人理解，對於這些說法，有部分確實是事實。

我從兩方面來加以回應。第一，OS/360 文件的份量確實是大，但在我們精心規劃的閱讀方法下，假如選擇性地使用這些文件，絕大部分的時候都可以將大部分的內容予以忽略，你必須將 OS/360 文件視為一部藏經閣或百科全書，而不是把它當作一套必修的教科書。

第二，把軟體系統的特性詳細寫成文件的做法，也總比造成嚴重的遺漏要好。當然，我同意在某些方面的撰寫技巧確實還有許多改善空間，而好的撰寫技巧將可縮減手冊的份量。OS/360 的使用手冊現在已經有幾個部分寫得相當好了（例如：〈概念與機制〉〔*Concepts and Facilities*〕的章節）。

　　效能模擬器　最好有一套效能模擬器（performance simulator），按照我們將在下一章所討論的，由外而內（outside-in）將之建立起來。對效能模擬器、邏輯模擬器和最終產品，都同樣採用由上而下的設計方式（top-down design），盡早讓它開始運作，並留意它反映出來的任何異狀。

高階語言和交談式程式編寫

關於編寫軟體程式，當今有兩個最重要的工具是十多年前開發OS/360 時未曾使用過的，雖然這兩個工具的使用至今仍未普及，但所有的證據都指出了它們的威力與適用性，那就是（1）高階語言（high-level language），以及（2）交談式程式編寫（interactive programming）。我相信會拒絕廣泛採用這些工具的因素只有惰性和懶散，技術性的困難已不再是合理的藉口了。

高階語言　採用高階語言最主要的理由就是生產力和除錯速度，我們之前已經探討過生產力（第 8 章），雖然並沒有太多的數據加以證明，但已顯示出改善的幅度將不是只有幾個百分點而已，而是幾倍的進步。

　　除錯方面的改善是來自於錯誤將會較少的事實，而且也比較容易找到錯誤的所在。錯誤之所以會比較少，是因為採用高階語言可以避免讓我們遭受到所有不同階層錯誤的影響，我們會遭遇的不僅僅是語法（syntax）層次的錯誤，還會發生像是暫存器誤用這種屬於語意（semantic）層次的錯誤，而這類錯誤都很容易發現，因為編譯器的偵錯功能會協助我們找到它們，還有更重要的，就是除錯時會用到的記

憶體即時擷取功能也很容易就可以辦得到。

對我來說，這些生產力和除錯方面的好處勢不可擋，我無法想像只用組合語言來打造一個軟體系統。

好，傳統上，反對這種工具的理由是什麼呢？理由有三：這種工具不能讓我為所欲為、產生的目的碼太大、產生的目的碼執行速度太慢。

在功能上，我相信這個反對理由已不再成立，所有的證據都顯示你能做任何你想做的事，只是得花功夫去找到方法，而且有時會需要一些你並不喜歡的方法。[3,4]

在空間大小上，新一代的最佳化編譯器已經開始讓大家覺得滿意了，而這方面的進展還在持續當中。

在執行速度上，當今最佳化編譯器所編譯出來的碼，有些還比大部分的程式設計師手工打造的碼執行起來還要快，再者，通常我們要解決執行速度的問題，可以在完整除錯之後，針對編譯器所編譯出來的碼之中百分之一到五的效能瓶頸，以手寫的碼來取代即可。[5]

我們該用什麼高階語言來編寫軟體程式呢？在今天，PL/I 是唯一的合理選擇，[6] 它提供了一套非常完整的功能，能與作業系統環境搭配，已經有幾種編譯器支援，有些是交談式的，有些速度很快，有些偵錯功能很棒，有些則是可以最佳化出非常棒的碼。我個人覺得用 APL 寫出演算法蠻快的，然後我會把這些演算法轉寫成PL/I 程式以與系統環境相容。

交談式程式編寫　關於麻省理工學院所進行的 Multics 專案，其中一個頗為正面的評價就是開發了專門用來編寫程式的系統， Multics （以及後來遵循了相同理念的 IBM TSS）在概念上不同於其他交談式

系統，其差異之處正是以下這些對編寫程式來說是不可或缺的功能項目：多種等級的資料與程式分享和保護機制、頗具規模的程式庫管理機制、供許多終端使用者一同合作的機制。我相信，交談式系統並不會取代在許多其他應用方面所適用的整批系統，但我認為就專門用來編寫程式的這項應用而言，Multics 團隊的這項開發案例已經非常具有說服力了。

　　對於像這樣一個似乎蠻具威力的工具是否真是那麼有利，還沒有太多的證據來佐證，有一個蠻普遍的認知，就是除錯是編寫程式過程中最難也最耗時的部分，而漫長的回覆時間又是除錯過程中最要命的部分，所以，演進至交談式程式編寫似乎是個無可避免的趨勢。[7]

　　此外，已經有許多人採用這種方式來開發小型系統，或是用在系統中的某一部分，我們也已經從這些人之中得到了一些正面的評價。至於用在大型系統上的效果，我唯一曾看到過這方面的報告是由貝爾電話實驗室的 John Harr 所提出來的。如圖 12.2 所示，這些數據是代表程式從編寫、組譯到除錯的結果，第一個程式主要是屬於控制程式，另三個則是屬於語言轉譯器、文字編輯器之類的程式。Harr 所提供的資料顯示，若以交談式工具來編寫軟體程式，至少會得到兩倍生產力的效果。[8]

程式	規模大小	整批(B)或交談式(C)	指令／人年
ESS code	800,000	B	500-1000
7094 ESS support	120,000	B	2100-3400
360 ESS support	32,000	C	8000
360 ESS support	8,300	B	4000

圖 12.2　整批和交談式程式編寫的生產力比較

[譯註]

由圖 12.2 中可看出開發的程式越大，或是越偏控制程式的類型，則生產力越低，這可由圖中三個未採用交談式程式編寫的 ESS code 、7094 ESS support 、360 ESS support 比較出這種趨勢。此外，若這種趨勢成立，可知如果 360 ESS support 不採用交談式程式編寫的話，其生產力估計應該在 3,400 與 4,000 之間，但是圖 12.2 中顯示出它採用交談式程式編寫所得到的生產力是 8,000，故而推論採用交談式程式編寫將至少會得到兩倍的生產力。

大部分的交談式工具如果要能有效運用的話，就必須搭配使用高階語言，因為透過電報機或打字機形式的終端機，以傾印記憶體為主的除錯方式已經無法使用。採用高階語言，程式碼可以輕易地編輯，要選擇將某一部分列印出來也很容易，這兩者的結合確實造就了一組神兵利器。

13
化整為零
The Whole and the Parts

13
化整為零
The Whole and the Parts

我可以召喚地底的幽魂。

啊！這我也會，什麼人都會；可是當您召喚它們的時候，它們就真的會來嗎？

莎士比亞，《亨利四世》，上篇

I can call spirits from the vasty deep.

Why so can I, or so can any man; but will they come when you do call for them?

SHAKESPEARE, KING HENRY IV, PART 1

[譯註]

莎士比亞（William Shakespeare, 1564 ～ 1616），英國詩人、戲劇家，
《亨利四世》是他創作的歷史劇。

迪士尼卡通《幻想曲》（*Fantasia*）中有一段劇情：米老鼠是一位魔法
師父的徒弟，一天，師父外出，米老鼠必須留在家裏做抬水的工作，
做著做著覺得很辛苦，就想，平常看師父施法都很簡單，何不自己試
試？便依樣畫葫蘆對著掃帚施法，命令掃帚抬水，可是米老鼠的本事
只是皮毛，掃帚雖然會抬水，卻一直抬不停，把儲水桶都溢滿出來
了。米老鼠在氣極敗壞之下，便用斧頭把掃帚劈成了碎片，沒想到每
個碎片又都變成了掃帚，結果是成千上萬的掃帚，每一隻都在抬水，
搞得大地一片汪洋，慘不忍睹。等師父回來的時候，瞬間就用魔法把
情況控制住了，還揍了米老鼠一屁股。

跟古老傳說的魔法一樣，對於現代魔法，也有人會自吹自擂：「管他什麼航管程式、彈道飛彈攔截程式、銀行帳戶管理程式、生產線控制程式，我也會。」這種話很容易就可以吐嘈回去：「這我也會，什麼人都會；可是當您寫了程式，程式就真的會正常運作了嗎？」

　　如何開發一個軟體，好讓它正常運作呢？如何測試軟體？如何將一系列通過測試的組件整合到一個已驗證過的可靠系統之中呢？這方面的技巧我們之前在許多地方都提過，現在就讓我們以更有系統的方式來探討。

避免發生錯誤的設計方式

做好定義以防止誤解　最致命也最棘手的錯誤莫過於系統錯誤，這肇因於各個組件的開發人員做出了彼此不協調的假設，之前的第 4 、5 、6 章所討論的概念整體性，就是針對這個問題所提出來的解決方案，簡而言之，具備了概念整體性，不但使軟體易於使用、易於開發，也比較不容易發生錯誤。

　　這做法意味得在架構上付出勤勉、辛苦的代價。貝爾電話實驗室 Safeguard 專案的 V. A. Vyssotsky 說：「把產品定義清楚是非常關鍵的工作，有太多太多的失敗都源自於自始至終都搞不清楚要做的是什麼東西。」[1] 詳細的功能定義、詳細的規格說明、規範良好的防錯設施與錯誤處理技術，都有助於減少發生系統錯誤的可能性。

規格審查　早在進入程式編寫階段之前，規格文件就應該先由其他獨立的測試小組進行審查，以確保規格的完整和明確，開發人員本身則

不適合做這樣的工作，如同 Vyssotsky 所說：「他們就算是看不懂也
不會告訴你的，他們會隨著個人的喜好自行解釋。」

由上而下的設計方式　Niklaus Wirth 在 1971 年提出了一篇非常亮麗
的論文，為一種已被許多優秀程式設計師使用已久的軟體設計程序確
立了形式。[2] 此外，雖然他所提出來的觀念是針對程式設計，但也完
全適用於複雜的軟體系統設計。將整個系統開發工作劃分出架構、實
作和實現，便是基於這種觀念的具體做法；更進一步來說，不論是架
構、實作和實現，都可以透過由上而下的方式做出最佳的成果。

　　簡而言之，Wirth 提出來的是一個持續細分精製的步驟（refinement
steps）。一開始，先勾勒出粗略的工作定義和執行方案以得到主要的
結果，然後對此定義做更深入的探討，看看結果跟我們真正要的東西
有何不同，並把方案中幾個大的步驟細分成更小的步驟，於是，在工
作定義中的每個細分精製過程都演變成解決方案演算法的細分精製，
同時也可能伴隨著某個資料結構的細分精製。

　　透過上述的過程，就可以界定出解決方案的模組（module），或
是其他能夠獨立進行更進一步細分精製的資料，而模組化的程度便決
定了軟體適應變動或修改的能力。

　　Wirth 提倡每個步驟都應該盡可能運用高階（high-level）的表示
方式，只彰顯出概念，而細節則隱藏起來，留待需要更進一步細分精
製的時候再處理。

　　一個良好的由上而下設計方式（top-down design）可以避免掉許
多錯誤，這可從幾方面來說明。首先，由於結構與表示方式變得很清
楚，所以更容易描述出精確的需求和模組功能；其次，藉由分割並明
確定義出獨立模組的過程，可以避免系統錯誤；第三，隱藏細節將使

結構中的缺陷更容易被突顯出來；第四，每一次細分精製的步驟，都可以對該步驟的設計成果進行測試，這使得測試工作可以提早進行，並把測試的焦點集中在屬於該步驟中較為適當的細節層次。

這種逐步細分精製的過程並非只進不退，如果在某個細節上遭遇到意想不到的混亂，就有可能再回到較高的層次重頭再來，事實上這種情形很常發生，但你會比較容易精確判斷出何時、或為什麼該壯士斷腕重新設計。有許多爛系統就是因為當初捨不得放棄，結果一直架在不良的設計基礎上做些治標不治本、疊床架屋的違章建築，由上而下的設計方式可以減少這種做法的誘惑。

我認為由上而下的設計方式是這十年間最重要的一個新的軟體開發形式‧。

結構化程式設計　關於避免發生錯誤的軟體設計方式，有另一個重要的新構想是出自於 Dijkstra ，[3] 而完整的理論基礎則是由 Böhm 和 Jacopini 所提出的。[4]

基本的做法就是在設計程式的時候，控制結構中的迴圈應該限定只能用像是 DO WHILE 這種語法來定義，條件部分則用括號上下標示成一段一段的敘述，並且使用像是 IF...THEN...ELSE 的語法。Böhm 和 Jacopini 證明了這種結構在理論上已足以應付各種情況，Dijkstra 也證實，若使用 GO TO 這種跳來跳去不受限制的分支結構，將很容易造成許多邏輯上的錯誤。

上述的基本觀念的確是很正確，當然也招致了不少批評，於是就誕生了一些額外的控制結構，像是多重分支（就是所謂的 CASE 語法）可以用來處理多種可能性的判斷，還有處理例外狀況的結構（GO TO ABNORMAL END 語法），也非常方便。比較極端的，就是有些人變

得非常教條，主張應該完全禁止使用 **GO TO** ，但這似乎就太過火了。

其實，我們的主要目的是創作出一個沒有錯誤的程式，所以重點並不在於使用什麼特定的分支語法，而在於是否已把一個系統的控制結構真正是當作控制結構在考慮。這種思考方式使軟體工程的發展向前邁進了一大步。

組件除錯

程式除錯方式的演進，在過去二十年間剛好經過了一個大循環，有些方法竟然又復古回到當初的起點，這個循環大略可分為四個時期，回味一下這期間的來龍去脈應該蠻有趣的。

上機除錯（on-machine debugging） 早期機器的輸出入裝置都很菜，伴隨的是很長的輸出入等待時間。一般來說，機器都是讀寫紙卡或磁帶的內容，還有一些是用來準備磁帶或列印的離線設備，這使得磁帶的輸出入對除錯來說非常不方便，甚至難以忍受，所以多半還是利用操控台（console）。至於除錯的方式，則必須設計成盡可能把握住在每一次上機的機會中做更多次的嘗試。

程式設計師必須小心設計他的除錯程序——規劃何處該終止、哪一塊記憶體位址要檢查、檢查的結果應該是什麼、如果不如預期又該做什麼，彷彿把自己當成除錯機器一般，先將所有枝微末節的狀況都預演一遍，耗費的時間恐怕相當於編寫這支程式所耗的一半時間。

這個方法最糟糕的事情，就是沒有將程式區分出適當的測試區段，也沒有為各個區段規劃出終止的時機，就冒然按下 **START** 的執

行鍵。

記憶體傾印（memory dump）　上機除錯非常有效率，在一次兩小時的上機過程中，也許就可以一口氣測個十來次，但由於當時電腦非常稀少，又非常貴，整個除錯概念對上機時間所造成的浪費是很可怕的。

　　所以當高速印表機可以在線上（on-line）與電腦相連時，技術便改觀了。我們可以把程式執行起來，等檢查到有問題的時候，就將整個記憶體內容傾印出來，接下來就是埋首於辦公桌前的辛苦工作，仔細核對每一塊記憶體的內容。這種方式與上機除錯相比，耗在辦公桌前的時間其實差不了多少，主要的差別在於這種方式是先嘗試執行程式，再花時間找錯誤，而上機除錯則必須在執行程式之前先花時間做規劃。對於任何個別的使用者而言，這種除錯方式所花的時間更多，因為測試的次數取決於整批回覆時間（batch turnaround），不過，這整個程序的設計都是為了盡量縮短個人佔用電腦的時間，以使電腦能夠服務更多的程式設計師。

記憶體即時擷取（snapshot）　使用記憶體傾印的機器，後來發展到擁有 2,000 至 4,000 字（word）或 8K 至 16K 位元組的記憶體，但記憶體容量的成長相當快，若再把全部的記憶體統統傾印出來，便很不切實際，所以就演變成選擇性傾印、選擇性追蹤，以及在程式裏插入記憶體即時擷取功能的技術。OS/360 TESTRAN 可以說為這方面的技術畫下了句點，它可以將即時擷取插入程式裏而不需要重新組譯或編譯。

交談式除錯（interactive debugging）　1959 年 Codd 和他的夥伴[5] 與

Strachey [6] 分別提出了針對分時除錯（time-shared debugging）的研究成果報告，這種方式不但使上機除錯能夠即時回覆（instant turnaround），當整批除錯時，機器的使用也變得很有效率。把多個程式放入電腦記憶體中等待執行，每一個要進行除錯的程式都跟一台只接受程式控制的終端機相連，除錯過程將在監督程式（supervisory program）的控制之下。當某一台終端機的程式設計師終止了他的程式去檢查流程或修改的時候，監督程式就會執行另一個程式，於是就可以將機器保持在忙碌的狀態。

　　Codd 所提出來的多元程式系統（multiprogramming system）已被開發出來，但只將重點放在如何透過有效的輸出入使用率來提升電腦的吞吐量，交談式除錯則尚未實現。Strachey 的構想則被加以改良，並於 1963 年由麻省理工學院的 Corbató 及其同事實作出一個實驗性質的系統 7090 ，[7] 這項發展啟發了後來的 Multics 、 TSS ，以及今天所看到的其他分時系統。

　　從早期採用的上機除錯，一直到今天的交談式除錯，使用者感受到最大的不同，就是監督程式及相關語言解譯器的問世，使我們以高階語言來編寫程式和除錯變為可能，有效率的編輯器也使程式修改和記憶體即時擷取變得非常容易。

　　當除錯方式的演進又回到可以享有上機除錯時代的即時回覆能力時，並沒有讓我們回復到在每次上機除錯前必須事先規劃的習慣，感覺上，這種事前規劃並不像從前那麼必要，因為即使我們在上機的時候進行思考，也不再浪費電腦的時間。

　　儘管如此，Gold 提出了一些挺讓人注意的實驗結果，他說採用交談式除錯之後，每次上機進行的第一回合除錯所得到的進展是之後幾個回合的三倍 [8] ，這強烈反映出交談式除錯未能充分發揮潛力的原

因是在於缺乏上機前的規劃，於是，在上機除錯時代的老方法又重新受到重視。

　　我發現每次為了兩個小時的上機，大約得先在辦公桌前花兩個小時來準備，這樣可使終端機系統得到適當的利用。準備時間的其中一半是用來處理前一次上機的結果：更新除錯紀錄、在我的系統手冊上登記程式更新列表、解釋發現到的異常現象；另一半則是在預習：規劃修正或改進的事項、為下次的出擊設計詳細的測試方法。沒有像這樣的一個規劃，兩個小時的上機是不會得到兩個小時應有的生產力的。如果除錯的結果不好好整理，下一次的上機也會變得毫無頭緒，不會有什麼進展。

測試案例（test case）　關於實際除錯的程序與測試案例的設計，Gruenberger 曾經提出非常棒的方法，[9] 而比較簡便的方法則在其他一些書裏都有介紹。[10,11]

系統除錯

開發軟體系統時，出乎意料困難的部分就是系統測試。我們曾經討論過一些關於它之所以困難與令人意外的原因，因此，你應該已經瞭解到兩件事：系統除錯所耗費的時間將超乎你的預期，而其困難也證明了有必要準備一套條理分明、規劃良好的測試方案。我們現在就來看看這樣的一個方案裏包含了什麼。[12]

使用除錯完成的組件　儘管這不是普遍的做法，但憑常識都可以理解，你得等小片段大致可以正常運作之後，才開始進行系統除錯。

　　一般的做法可分為兩種：第一種是嘗試整合（bolt-it-together-

and-try），這似乎是基於系統錯誤（也就是介面上的錯誤）不同於組件錯誤的認知，所以認為越早將各個片段整合在一起，系統錯誤就可以越早發現；還有另一種略嫌粗糙的做法，就是乾脆直接讓各個組件互測，如此就可以省掉大量製作測試鷹架（scaffolding）的工作。以上兩種做法看起來都對，但經驗顯示它們並非全然正確——以乾淨、除錯完成的組件來進行系統測試，將省下比花在建立測試鷹架並進行徹底的組件測試更多的時間。

還有一個看起來似是而非的，是關於「先將錯誤記錄起來」的做法，當某個組件所有的錯誤都*被發現之後*，在這些錯誤全部*被解決之前*，就先將該組件納入系統測試。就系統測試而言，這個做法在理論上看似可行，因為我們可以預知這些錯誤所造成的影響，只要忽略這些影響，專注於新發現到的狀況即可。

但這是一廂情願的想法，是意圖逃避麻煩、得過且過的合理化說辭。對於發現到的錯誤，我們*無法預測*出它全部的影響，如果事情做起來都那麼直截了當的話，系統測試也不會那麼困難，而且，只把錯誤先記錄起來，之後在修正這些錯誤的過程中又會產生新的錯誤，這會讓你在做系統測試的時候把錯誤的因果搞混。

建立充分的測試鷹架　此處我所指的「鷹架」，意指為了除錯的用途而建立，而不會納入到最後產品的程式或資料，以程式碼的份量而言，屬於鷹架的部分佔產品全部程式碼的一半其實並不為過。

鷹架的形式可能是一個傀儡組件（dummy component），僅僅包含介面、一些假資料或小型測試案例，例如，系統中可能有一個排序程式尚未完成，但是對使用到排序功能的其他組件而言，可以先使用一個暫時替代的程式來進行測試，這個程式也許只是讀取和查驗輸入

資料的正確性，然後輸出一組格式正確、不具任何意義但已按照順序排列的資料。

另一種鷹架的形式是迷你檔案（miniature file）。有許多系統錯誤是源自於對磁帶或磁碟檔案格式的認知錯誤所致，所以不妨先建立只包含少許代表性的資料，但類型、指標都很完整的小型檔案來測試。

迷你檔案的特例是傀儡檔案（dummy file），它在實際上並不具備檔案實體。OS/360 的工作控制語言就提供了這種機制，對組件除錯相當有幫助。

還有一種鷹架的形式是輔助程式（auxiliary programs），用來產生測試資料、列印特定的分析結果、分析交互參考的表格，這些都是具有特定用途的小工具程式，也都是你可能想要建立的。[13]

控制改變　我對硬體在測試階段採取嚴密監控的除錯技巧印象相當深刻，它同樣可以應用在軟體系統上。

首先，必須有人負責監督，只有監督者有權掌握組件各個版本之間的更動或替換。

接下來，就像之前討論過的，系統的幾個副本必須受到監控：一個最新定版的版本，供組件測試之用；一個正在測試中的版本，某些修改正在進行當中；局部自由區域的版本（playpen copy），這是每一個人可以對他所負責的組件持續進行修改或擴充的版本。

在 System/360 的工程監控模型中，偶爾會看到表示正常的黃線中多加了幾條紫線。一旦在開發階段發現錯誤，就有兩件事情必須處理：一方面要設計暫時性的電路並裝設到系統上，以使測試工作能夠繼續進行下去，這項異動將以一條新的紫線做為標記，於是每次看到紫線都會覺得很刺眼而有了提醒的作用，於是它就被納入紀錄了。另

一方面，必須撰寫出正式的修改文件，循正式的開發管道進行設計，最後的結果會反映在異動的圖形和線路列表中，而改變的部分則會在新的電路板上用印刷電路或黃線實作完成，於是，實體模型和紙上的作業又重新吻合，紫線取消。

開發軟體正需要這種紫線技巧，它極度需要嚴密監控，並深深影響到紙上作業最後呈現在產品上的樣子，這其中最關鍵的，就是如何在暫時應急用的補綴版本（quick patch）與經過全盤思考、測試、文件紀錄的正式修正版本之間，把所有的改變和差異都記錄下來，並將之明確地反應在程式碼中。

一次只整合一個組件　這項警告其實很容易理解，但樂觀和懶惰會促使我們違背這個原則，因為你得多費功夫去建構傀儡組件和其他測試鷹架，而且，說不定到時候這些根本都用不著，也許根本就不會有錯誤發生。

錯！請克制住這種誘惑！這正是一個良好規劃的系統測試所關注的，你必須假設一定會有許多錯誤存在，才會好好規劃出能逮出錯誤的程序。

注意，你必須有充足的測試案例，以供每當一個新的組件納入整合的時候進行測試之用，而且，之前通過測試的測試案例也必須在迴歸測試（regression test）的時候，統統回鍋再重新測過一遍。

固定改版的時機　當整個系統逐漸形成，每個組件的開發人員會不斷地跑來，帶著他剛出爐的最新版本——這意味他所負責的部分是更快、更小、更加完整，或應該有更少的錯誤。組件的版本更新應視同第一次加入的新組件，即使它花的時間應該會比較少，但同樣要經過完整的測試程序，所以完整而有效的測試案例必須隨時準備妥當。

　　每個小組在開發另一個組件的時候，都以最新通過測試的整合系統版本當作是自己除錯之用的測試基礎，當這個測試基礎改變的時候，他們就得配合著改變，這當然得這麼做，但改版的時機可以把它固定住，以使每個開發人員都可以擁有一段期間能夠維持穩定的工作效率，只有當這個測試基礎大改版的時候才被打擾，跟持續的波動相比，這種做法比較不會造成混亂。

　　Lehman 和 Belady 提出了證據來說明每次改版的份量與時機（quanta），要不就是很多，並累積到一段時間再做，要不就是非常少而頻繁。[14] 根據他們的模型，後者是傾向於較不穩定的，我個人的經驗是：我也不會冒那個險。

　　將改版的時機固定正是之前提到的紫線技巧，暫時以補綴版本應急，直到模組下一個正式改版的到來，而那時應該已將修正整合完成，並且是個通過測試、文件齊備的版本。

14
釀成大災難
Hatching a Catastrophe

14
釀成大災難
Hatching a Catastrophe

沒有人會給報壞消息的人好臉色看。

沙孚克里斯

None love the bearer of bad news.

SOPHOCLES

為什麼專案會落後一年？

⋯⋯因為每次落後一天。

How does a project get to be a year late?

. . . One day at a time.

A. Canova ，「Hercules 與 Lycas」，1802 年

Hercules 把他的死怪罪於部屬 Lycas ，而這位傳令兵只不過照實帶了件毒衣罷了。

Scala / Art Resource, NY

[譯註]

沙孚克里斯（Sophocles ，西元前 496 年～西元前 406 年），古希臘悲劇作家。

本章開場圖片中的雕像呈現的是一段希臘神話故事，右邊的人物是攻無不克、戰無不勝的 Hercules ，左邊是他的部屬 Lycas 。在一次勝利的戰役後，Hercules 派 Lycas 回家報捷，這對在家中等待消息的妻子來說，原本是一件值得高興的事，但她又得知這次戰役是 Hercules 為了一位美女而發動的戰爭，於是在悲傷之餘，用毒血（她以為這是喚回丈夫愛情和忠心的靈藥）製了一件緊身衣，請 Lycas 帶回給 Hercules 當禮物。

等到 Hercules 脫下刀槍不入的獅身盔甲（圖中 Hercules 腳下的東西），高興地穿起這件禮物（圖中 Hercules 身上那件薄紗般的衣服）之後，發覺全身好像被毒蛇咬了一般，而且緊到無法脫掉，便氣急敗壞地呼喚 Lycas 。

雖然 Lycas 只是個無辜的傳話角色，但是當他忠實地把經過的情形報告完之後，Hercules 在盛怒之下，仍然立刻把 Lycas 抓起摔死，還把他的屍骨扔進大海，Hercules 這種瘋狂的舉動，使得沒有人敢再靠近他。隨後不久，Hercules 也死了（成為諸神之一）。

當我們聽到專案時程嚴重落後的壞消息時，可以想見那一定是遭遇了一連串事故所導致的結果，然而，造成災難的原因通常不是突如其來的龍捲風，而是源於白蟻日積月累的啃蝕，時程總在不知不覺之間延誤，而且非常無情。事實上，顯而易見的事故很容易克服，可以即時投入必要的人力、重新調整步伐，或是尋找新的技術，總之，整個團隊可以立即動員起來應變。

　　但是，每天一點點的延誤讓人無關痛癢、很難預防，也很難挽救。昨天，一位關鍵人物生病了，所以原訂的會議無法召開；今天，因為大樓的變壓器被雷打到，所以機器都當掉了；明天，因為第一批硬碟必須晚一個禮拜才會到貨，所以有關硬碟方面的功能都無法如期進行測試；下大雪、臨時交辦任務、家裏有事、和客戶召開緊急會議、行政上的稽核活動——族繁不及備載，每一項瑣事都稍微消耗個半天或一天，於是整個專案的時程就這樣半天一天地落後了。

里程碑或沉重的包袱？

一個人要如何在時程緊迫的情況下掌控整個大專案呢？首先，要有時程，那是一連串事件的列表，每個事件稱為一個里程碑（milestone），並且賦予一個日期，日期的決定是靠預估而得，之前討論過，這跟經驗很有關係。

　　在決定里程碑的時候，唯一要注意的事情，就是里程碑必須是具體、明確、可量測的事件，有沒有達成應該是一翻兩瞪眼的事，絕不模稜兩可。在整個程式編寫階段，其中必須有一半的時程維持「百分之九十的程式都已完成」；在大部分時候，必須維持「百分之九十九的程式都已除錯完畢」；這些都是里程碑的不良範例，因為這樣一

來，我們就可以隨心所欲地聲稱「所規劃的事情都已經完成」。[1]

具體的里程碑，是百分之百完成的事件，像是「規格文件已被架構設計師和實作人員簽署」、「程式碼已全部完成、打完孔，並且已存入了硬碟中的程式庫」、「除錯完成的版本通過了全部的測試案例」，像這樣具體的里程碑才可以降低規劃、編寫程式、或除錯階段的含糊程度。

對里程碑來說，明確、絕不模稜兩可，要比讓老闆能夠輕易查證里程碑還重要，如果里程碑訂得夠明確，明確到讓人無法自己騙自己，就比較不會發生矇混進度的情形，如果里程碑訂得很模糊，那麼老闆得到的通常是與事實不符的報告，如同 Sophocles 所說的，沒有人喜歡聽到壞消息，所以部屬會傾向於意圖矇蔽真相，並使情況看起來好像並沒有那麼嚴重。

針對政府承包商的大型開發專案，在時程預估方面有兩份有趣的研究，研究結果顯示：

1. 一項工作的時程，在該項工作開始動工之前會每兩週小心地重新修訂一次，但無論後來發現估得多麼不準確，接近動工日時，就不會再有大幅的更動。

2. 如果是高估了時程，那麼隨著工作的進行，高估的部分會自然在工作的過程之中穩定地消失。

3. 如果是低估了時程，那麼在工作的過程之中也不會對時程做大幅的更動，直到原訂時程剩下三個禮拜的時候才會再修訂。[2]

界定明確的里程碑事實上對整個開發團隊來說是件好事，使老闆對團隊中的成員有比較合理的期望。模糊的里程碑事實上是非常沉重的，它是打擊士氣的一個包袱（millstone），因為它會矇蔽一切，直

到無法挽救的時候才爆發，而持續長期的時程落後則是士氣的殺手。

「反正其他部分也會落後」

時程落後一天又怎樣？誰會因為耽誤一天就這樣子大驚小怪呢？我們隨後趕上進度也就是了，反正其他部分也會落後。

棒球經理都知道優秀的球隊或球員都有一種無形的特質，那就是幹勁（hustle），促使你跑得更快而不只是夠快，移動得更為敏捷而不只是夠敏捷，並勇於嘗試更困難的挑戰。優秀的軟體開發團隊也有這種特質，幹勁提供了彈性，激發原本被隱藏起來的潛力，是促使整個團隊克服困難、主動解決問題的原動力。如果結果都算計得好好的，該付出多少努力也都可以量測得出來，這反而會讓人失去幹勁。對於任何一個小的延誤，我們必須及時激發起這種解決問題的鬥志，否則遲早會釀成大災難。

但並不是每次稍微有一點點的延誤就要緊張兮兮，對整個時程做一些適度地推測是必要的，即使這對個人的幹勁也許會有些影響。你如何分辨出哪些延誤才是真正該關心的呢？這方面無可取代的工具是計畫評核圖（PERT chart）或要徑時程表（critical-path schedule），這些圖表可以顯示出必須先完成哪些事項之後才能做什麼，並且告訴你哪些事項是位於要徑上，也就是那些一旦延遲則必定會造成整個時程落後的事項，也可以告訴你某個事項在整個時程進入要徑之前所能允許延誤的底限在哪裏。

嚴格來說，計畫評核術就是一種詳細排定要徑的技術，每個工作事項恐怕得估計到三次以上，到底會估計多少次，則得視達成預估時程的可能性而定，我並不確定特別花這些功夫來做這麼詳盡的估計是

否值得，但是為了簡單起見，我把所有的要徑網路圖（critical-path network）都稱為計畫評核圖。

使用這個技術最有價值的部分就是準備計畫評核圖的過程，整個工作的佈局一覽無疑，每個事項的先後順序關係都變得一清二楚，在專案初期就可以估計出對計畫最具影響的關鍵時程。第一次畫出來的計畫評核圖總是很可怕，但隨後可以逐步調整。

在專案進行的過程當中，是不是真的可以說「反正其他部分也會落後」這句話，計畫評核圖會告訴你答案。如果某個開發人員所負責的工作項目開始落後而且又是在要徑上，那麼就該及時刺激一下他的鬥志，如果不屬於要徑，那麼不妨參考一下容許落後的底限，並適度調整時程以趕上進度。

在一切順利的表象之下

當第一線的基層主管眼見他所帶領的開發小組開始落後的時候，他很少會立刻跑去向老闆報告這個戰況不妙的消息，也許他的小組能夠及時趕上進度，也許他會想到解決問題的方法，也或許還有重新調整的機會，幹嘛就這樣去煩老闆呢？直到目前為止，一切都還好，而且處理這種事本來就是第一線基層主管應該做的，老闆已經夠煩的了，需要他親自處理的事情還多著呢，所以這種小事我們就暫時把它壓下來吧！

但是，有兩種資訊是每一位老闆都必須掌握的，也就是未如計畫預期的意外狀況，好讓他據以採取應變措施，以及計畫的執行現況，好讓他據以教導部屬如何進行下去。[3] 所以，他需要知道底下各個小組的狀況，然而，掌握真實的狀況並不是件簡單的事。

　　第一線基層主管的利益跟老闆的利益是彼此相互衝突的，第一線
基層主管會害怕如果據實回報，老闆會採取斷然行動，取代他的職
權，攪亂他原來的打算，所以只要認為還有獨力解決問題的機會，他
就不會告知老闆真相。

　　老闆想要知道真相有兩個方法，這兩個方法必須一起使用：第一
個方法是降低角色的衝突以鼓勵據實回報；另一個方法是審查制度。

降低角色的衝突　首先，什麼是告訴他該採取應變措施的資訊，什麼
只是讓他了解計畫執行現況的資訊，老闆必須分清楚。他必須克制自
己不要去干涉部屬自己有能力處理的問題，也絕不在對狀況仍在進行
了解的時候就馬上動手解決問題。我曾經認識一位老闆，他總是在報
告聽到一半就拿起電話筒下達解決問題的命令，老闆會有這樣的反
應，以後鐵定不會有部屬敢向他報告事情的真相。

　　相反地，如果部屬知道老闆不會在聽完報告後過度反應，就會比
較願意將狀況據實以告。

　　如果老闆把會議明確界定出是以執行狀況報告為主的會議和以討
論解決方案為主的會議，也確實按照了這兩種不同性質會議的精神來
克制自己，那麼對整個開發過程就會很有幫助。當然，在問題失去控
制的時候，執行狀況報告的會議結果就是召開討論解決方案的會議，
但每個人至少都會了解應該拿捏的分寸，而老闆就算真要親自接手的
話，他也會先把問題思考兩遍。

揭開一切順利的假象　無論如何，要了解真相，一些審查技巧是必要
的，計畫評核圖裏明確訂定的里程碑便是進行審查的基礎。在一個大
型專案裏，每週可能都要審查其中幾個部分，而全面性的審查則大約
每個月要做一次。

　　有一種關鍵性的文件是用來比較里程碑與實際執行結果的報告，圖 14.1 便是摘錄自一份這一類的報告，從這份報告中可以看出一些問題，有幾個組件的規格（specification）已經逾期尚未認可（approval），另外還有一個組件的手冊（即 SLR）也是逾期尚未認可，也就是個別進行產品測試的第一個狀態（即 Alpha 測試）同樣也是逾期未完成的那個組件。於是，像這樣的一個報告將做為二月一日召開會議的議題，每一個人都會對問題進行了解，負責組件的主管也應該要準備說明進度落後的原因、何時才會趕上進度、他採取的因應措施為何、有什麼需要老闆或其他小組提供支援的地方。

　　以下是貝爾電話實驗室的 V. Vyssotsky 所附加的觀察結果：

　　我發現，在里程碑進度報告中同時標示出「規劃」日期和「預估」日期是蠻好的做法。規劃日期是由專案經理負責訂定，所展現的是對專案做過整體考量之後所確定下來的一套連貫性的工作計畫，這是一個先驗（priori）的合理時程；而預估日期則是由最基層的管理者根據工作上遭遇的問題而訂定，所展現的是因應實際發生狀況所做出來的專業判斷，也就是在得到（交付）他工作上所需要的足夠資源後，訂出什麼時候可以交出什麼樣的成果。專案經理必須克制自己不去插手管預估日期，並強調他要的是一個準確、無偏差的預估，而不是一個好聽、樂觀，或為了怕挨罵而有所保留的估計。一旦這樣的做法明確建立在每個人的心中，專案經理便可以看清未來的實際走向，並及早做出適當的處置，以避免可能遭遇到的困難。[4]

OS/360 SYSTEM/360 SUMMARY STATUS REPORT
OS/360 LANGUAGE PROCESSORS + SERVICE PROGRAMS
AS OF FEBRUARY 01, 1965

A=APPROVAL
C=COMPLETED
*=REVISED PLANNED DATE
NE=NOT ESTABLISHED

PROJECT	LOCATION	COMMITMNT ANNOUNCE RELEASE	OBJECTIVE AVAILABLE APPROVED	SPECS AVAILABLE APPROVED	SRL AVAILABLE APPROVED	ALPHA TEST ENTRY EXIT	COMP TEST START COMPLETE	SYS TEST START COMPLETE	BULLETIN AVAILABLE APPROVED	BETA TEST ENTRY EXIT
OPERATING SYSTEM										
12K DESIGN LEVEL (E)										
ASSEMBLY	SAN JOSE	04/--/4 12/31/5	10/28/4 C	10/13/4 C 01/11/5	11/13/4 C 11/18/4 A	01/15/5 C 02/22/5				09/01/5 11/30/5
FORTRAN	POK	04/--/4 12/31/5	10/28/4 C	10/21/4 C 01/22/5	12/17/4 C 12/19/4 A	01/15/5 C 02/22/5				09/01/5 11/30/5
COBOL	ENDICOTT	04/--/4 12/31/5	10/28/4 C	10/15/4 A 01/20/5	11/17/4 C 12/08/4 A	01/15/5 C 02/22/5				09/01/5 11/30/5
RPG	SAN JOSE	04/--/4 12/31/5	10/28/4 C	09/30/4 C 01/05/5	12/02/4 C 01/18/5 A	01/15/5 C 02/22/5				09/01/5 11/30/5
UTILITIES	TIME/LIFE	04/--/4 12/31/5	06/24/4 C		11/20/4 11/30/4 A					09/01/5 11/30/5
SORT 1	POK	04/--/4 12/31/5	10/28/4 C	10/19/4 C 01/11/5	11/12/4 C 11/30/4 A	03/15/5 C 03/22/5				09/01/5 11/30/5
SORT 2	POK	04/--/4 06/30/6	10/28/4 C	10/19/4 C 01/11/5	11/12/4 C 11/30/4 A	01/15/5 C 03/22/5				03/01/6 05/30/6
44K DESIGN LEVEL (F)										
ASSEMBLY	SAN JOSE	04/--/4 12/31/5	10/28/4 C	10/13/4 C 01/11/5	11/13/4 C 11/18/4 A	02/15/5 C 03/22/5				09/01/5 11/30/5
COBOL	TIME/LIFE	04/--/4 06/30/6	10/28/4 C	10/15/4 A 01/20/5	11/17/4 C 12/08/4 A	02/15/5 C 03/22/5				03/01/6 05/30/6
NPL	HURSLEY	04/--/4 03/31/6	10/28/4 C							
2250	KINGSTON	03/30/4 03/31/6	11/05/4 C	12/08/4 C 01/04/5	01/12/5 C	01/04/5 C 01/29/5				01/03/6 NE
2280	KINGSTON	06/30/4 09/30/6	11/05/4 C			04/01/5 04/30/5				01/28/6 NE
200K DESIGN LEVEL (H)										
ASSEMBLY	TIME/LIFE		10/28/4 C							
FORTRAN	POK	04/--/4 06/30/6	10/28/4 C	10/16/4 C 01/11/5	11/11/4 C 12/10/4 A	02/15/5 C 03/22/5				03/01/6 05/30/6
NPL	HURSLEY	04/--/4 03/31/7	10/28/4 C	07/--/5		07/--/5				01/--/7
NPL H	POK	04/--/4	03/30/4 C	02/01/5 04/31/5						10/15/5 12/15/5

圖 14.1

[譯註]

圖 14.1 是一份 System/360 計畫執行狀態的摘要性報告（summary status report），報告日期是 1965 年 2 月 1 日。這份報告是以表格的方式呈現，表中最左邊一欄所標明的是開發中的組件，按照組件的大小（有 12k、44k、200k 等等）做為設計等級（design level）並加以分類。最上一列則標明了各個組件的開發階段，包括：交付（commitment）、目標（objective）確立、規格（specification）制定、手冊（SRL）撰寫、Alpha 測試、組件測試（component test）、系統測試（system test）、公告（bulletin）、Beta 測試等階段。每個開發階段名稱之下所標明的是兩個日期名稱，用來表示各組件在該開發階段的里程碑，例如：交付階段標明的是通知（announce）與交付（release）日、目標確立階段標明的是備妥（available）和認可（approved）日、Alpha 測試階段標明的是進入（entry）和離開（exit）日、組件測試階段標明的是開始（start）和完成（complete）日。表中的日期後面若標明 C 則表示已完成（completed），若標明 A 則表示已認可（approval），有些沒有加上日期的空白，則表示尚未規劃。

　　有幾個組件的規格已經逾期尚未認可，例如：SORT 1 在規格制定階段的認可日是 01/11/5，未標明 A，注意這份報告的日期是 1965 年 2 月 1 日（即 02/01/5），可知它落後了，同理，FORTRAN、SORT 2……都是規格已經逾期尚未認可的組件。

　　還有一個組件是 2250，它在手冊（SRL）撰寫階段和 Alpha 測試階段的認可日都是 01/29/5，都沒有標明 A，可知這個組件的兩個里程碑都沒有如期達成。

　　計畫評核圖的製作與維護，是老闆以及負責向老闆報告的各個主管的職責，對於計畫評核圖的修正、改版、報告，老闆需要一個小組

（一到三人）來幫他注意這些事，對大型專案來說，成立像這樣的一個計畫監控小組是非常值得的。這個小組沒有其他實權，只能在設定、修改里程碑，或是在確認里程碑是否已如期完成的時候，可以向第一線的基層主管諮詢。由於計畫監控小組會負責整個紙上作業，使第一線基層主管的負擔得以減輕到最根本的部分──做決定。

我們擁有一個老練、熱心、機敏的計畫監控小組，那是由 A. M. Pietrasanta 所帶領的，他致力於建立一套有效但謙遜的監控方式，如同結果顯示，我發現他帶的小組廣受別人尊敬的程度遠遠超過別人對他們的容忍，就擔任督促別人這個角色而言，他可以說是做得相當成功。

與其將所有的人都直接投入到軟體產品的開發工作，適度地花一些功夫在建立計畫監控小組上是值得的，那對專案的成功將有非常大的助益。計畫監控小組擔任的是守門員的角色，提醒大家留意容易疏忽掉的落後時程，並指出其中具關鍵性的部分，這相當於是一個能夠幫助軟體專案避免一點一點釀成大災難的早期預警系統。

15
一體兩面
The Other Face

15
一體兩面
The Other Face

我們無法主宰我們不了解的東西。

歌德

What we do not understand we do not possess.

GOETHE

哦！請賜予我簡單平實的評論者，
他們不會譚莫如深到讓人困惑不解。

克拉布

O give me commentators plain,
Who with no deep researches vex the brain.

CRABBE

史前巨石（Stonehenge）的假想復原景觀，這是全世界最大的計算機，但是沒有留下任何說明文件。

The Bettman Archive

程式，其實就是人對電腦說話，其內容必須經過審慎、嚴謹的語法編排與定義，這都是為了能將意圖明確地傳達給那台笨電腦。

然而，程式還有另外一面——程式也是寫給人看的。即使是寫給自己使用的程式，也有必要留下一些說明，因為就算是程式作者本身也會忘記，所以需要靠些東西來幫他回想起當初編寫的程式細節。

由於看程式的人所處的時空早已跟原程式作者當初創作的時空不同，所以，與程式搭配的文件至關重要。對於一個軟體產品而言，一方面，不但要讓電腦看得懂程式，另一方面，也要讓人看得懂才行，兩方面都一樣重要。

面對著不知是哪個傢伙所寫的程式，什麼說明也沒有，我們之中其實有很多人都曾經在這種情況下破口大罵。也有很多人嘗試把文件的重要性灌輸給程式設計新手，為了程式的壽命著想，就算是再懶，時程再緊，也要寫好文件，但是到最後似乎都沒有什麼效果。我想，我們應該是用錯了方法。

Thomas J. Watson, Sr.曾經告訴我一段親身經歷，那是關於他當年在紐約州北部當收銀機推銷員的故事。他駕著一輛載滿收銀機的馬車，滿懷熱忱地出發，但是，儘管辛勤地工作，還是連一台收銀機都賣不出去，只好垂頭喪氣地回來向老闆報告。他的業務經理聽了一會兒，便說：「幫我把一些收銀機搬上馬車，馬具也準備好，我們再一起出發試試看。」他們成功了，這兩個人重新拜訪一個個顧客，由老手展現如何賣收銀機，事後證明，這是一個很好的經驗傳承方式。

多年來，我一直辛勤地工作，並在軟體工程的課堂上強調好文件的必要性，但即使一再地諄諄教誨，卻還是沒用。我假設學生們其實已經學會了如何寫好文件，只是缺乏寫文件的動力，所以我嘗試把一

些收銀機搬上馬車,也就是說,由我親自上場展現文件怎麼寫,這下子效果就好多了。所以,本章接下來的部分將盡可能少說教,而把重點放在「如何」寫好文件。

該寫哪些文件?

有的人只是偶爾用一下程式,有的人則會進一步要求很可靠的程式,還有的人為了因應環境或目標的改變而必須修改程式,所以,針對不同的使用者,文件的寫法也應該有不同的層次。

為使用程式而寫的文件　每個程式使用者都需要一份淺顯的程式說明,然而大部分文件常犯的毛病就是缺乏概觀性的描述(overview),導致什麼細節都有提到,但卻見樹不見林。如果要寫出一份實用的說明,好的做法是先求淺顯但涵蓋面廣泛,再逐漸深入解釋細節:

1.　目的　程式的主要功能為何?為什麼要寫這支程式?

2.　環境　程式要在哪種機器上跑?硬體和作業系統的組態該如何設定?

3.　輸入值域與輸出值域　程式輸入與輸出資料的合理範圍為何?

4.　欲達成的功能與使用的演算法　很精確地說出程式到底要做什麼事情?

5.　輸出入格式　要精確而完整地描述。

6.　執行過程中的指示　包括運作正常時,或因異常而終止時,在控制台或任何輸出裝置上應該要看得到的任何提示。

7.　選項　使用者在功能上有哪些選擇彈性?這些選項該如何正確地加以指定?

8. 執行時間　對於某個工作，在某個組態所指定的空間大小限制之下，程式要花多少時間來完成？

9. 輸出結果的精確度與檢驗方式　預期的結果必須精確到什麼程度？跟這種精確度相搭配的檢驗方式為何？

以上所述的項目通常可以寫成三到四頁的摘要性說明，而且必須密切注意是否寫得既簡單又明確。此外，由於這類文件將具體呈現出基本的規劃決策，所以多半在編寫程式之前就必須備妥。

為建立對程式的信心而寫的文件　除了要說明如何使用程式之外，也要搭配說明如何得知程式的運作正常與否，亦即測試案例（test case）。

每個交付出去的程式副本都應該附帶一小組測試案例，好讓每個程式使用者可以例行性地確認安裝在他機器上的程式是正確可靠的。

另外，每次程式修改之後，還需要增加更多的測試案例，以用來進行更徹底的測試，這些測試案例按輸入資料的範圍可分為三部分：

1. 主案例，用於測試程式的主要功能，以一般最常發生的狀況當作測試的輸入資料。

2. 罕見合法案例，用於進行邊界值測試，包括輸入資料的最大可能值、最小可能值，以及所有例外但合理的情況。

3. 罕見不合法案例，也是用於邊界值測試，所不同的是採取相反的角度，以確保當輸入的資料不合理時，都能引發適當的偵錯訊息。

為修改程式而寫的文件　調整或修正程式需要更充分的資訊，完整而詳盡的細節說明當然是必備的，而且這些細節已經含括在一份具備良

好註解的列表之中。然而，程式修改者和一般的使用者一樣，也都更迫切需要簡單而精確的概觀性描述，不過這裏所講的是針對程式內部結構的概述，像這樣的概述該包含哪些部分呢？

1.　流程圖或副程式的結構圖。這在後頭會有更多的說明。

2.　所有運用到的演算法的一份完整描述，或是在內容中參考到其他有完整描述的文件。

3.　所有運用到的檔案的一份設計說明。

4.　解譯階段結構（pass structure）的概觀 —— 也就是從磁帶或硬碟中載入資料或程式的處理順序 —— 以及每個階段必須完成的事。

5.　與修改相關的研討紀錄，包括原設計構想、可插入點（hooks）與離開點（exits）的類型與位置，以及原設計者對一些可能的變化所做的推論與提供的因應之道。對於一些修改上的潛在陷阱，他的評論是具參考價值的。

［譯註］
程式通常要經過好幾個階段才能得到真正可以餵給電腦執行的機器碼，包括讀入程式碼、編譯、連結等等，也許還會搭配組譯器或相關的資料檔，過程中也可能會產生目的碼或其他暫時性的檔案或資料，每一階段的輸入、輸出、設定，就是「解譯階段結構」。

惱人的流程圖

流程圖是最被過度強調的文件，許多程式一點都不需要流程圖，也很少有程式需要一頁以上的流程圖。

　流程圖可以表現出程式的決策結構，不過，那只是觀察程式架構

的其中一個觀點，一頁大小的流程圖看起來還算不錯，太多頁就會看得頭大，因為頁與頁之間要靠許多經過編號的離開點與連接點來銜接。

如果將一個頗具份量的程式轉變成以執行階段或步驟為主的結構圖，然後畫在一頁大小的流程圖上，那麼將會非常方便，圖 15.1 就是一個這樣的例子。

當然，這樣的流程圖並沒有、也不必遵循那令人頭大的 ANSI 流程圖標準，這個標準中所規定的方框、連接點、編號方式……等等僅

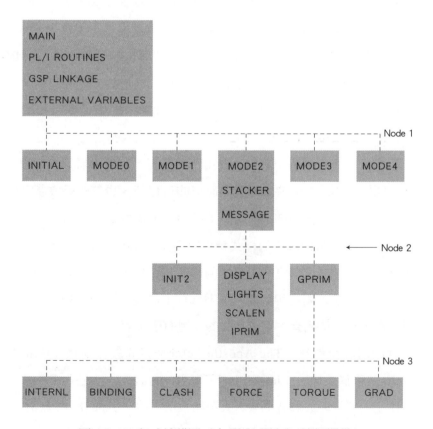

圖 15.1　程式結構圖（由 W. V. Wright 慷慨提供）

是用來進一步繪出更細的流程圖之用。

　　然而，繪製詳細的流程圖其實是個既落伍又麻煩的事情，僅適合用來幫助初學者起個頭，協助他進入演算法的思考。根據 Goldstine 和 von Neumann 的說法，[1] 流程圖中的方框符號所代表的涵義跟高階語言的功能相同，可用來將低階的機器語言集合起來，成為較易理解的段落。Iverson 很早就看出，一個有條理的高階語言本身就具備了良好的分段，[2] 如果每一行程式都要用一個方框來表示（圖 15.2），將會使文件過於冗長，還會佔據大量的空間，所以，也許乾脆就不要用這些方框。剩下的就只有箭頭，但以箭頭來表示正常的執行流向又顯得多餘，於是又可以省略這種箭頭，剩下的就是表示 GO TO 的箭頭，如果遵循良好的程式編寫習慣，使用結構化的分段方式，那麼 GO TO 會很少，也就不會有太多的箭頭了，即使有，對於程式的理解也會真的有所幫助，所以我們不妨在程式碼中標示這些有用的箭頭，而流程圖就免了。

　　事實上，流程圖看似有用，實用性卻不高，我從未看過一個程式老手在開始寫程式之前會乖乖畫出詳細的流程圖，也許組織會制定標準並規定一定要畫流程圖，但實際上這多半會流於形式。有些公司會自豪地用工具軟體把寫好的程式轉換出所謂「必備的設計工具」，我想，普遍的經驗並非刻意要跟良好的習慣相悖離，或讓人感到困窘、可悲、只能苦笑以對，相反地，正因為有了這些普遍的經驗，我們反而得以做出正確的判斷，對流程圖的效用有所了解。

　　就如同彼得聖徒（The Apostle Peter）對異教徒皈依（Gentile converts）和猶太律法（Jewish law）所做的評論：「現在你們倒來替上帝作主，要把祖先和我們猶太人不能負的重擔，強加在〔外族信徒〕的身上！」（《聖經》〈使徒行傳〉，第 15 章，第 10 節）在此，我也用

同樣的話來比喻程式設計新手與落伍不實用的流程圖。

> [譯註]
>
> 這是《聖經》裏的故事。彼得是耶穌的十二個使徒之首，〈使徒行傳〉
> 是記載耶穌使徒傳道的故事。一天，有些基督教徒主張必須按照摩西
> 的律法，對那些即將皈依基督的異教徒施行割禮，也就是割去男子的
> 包皮或女子的陰蒂，據說這是為了使心靈淨化，清除罪孽，不這麼做
> 就不能得救，但這實在是蠻不人道的，彼得認為只要知道人心，神也
> 會為他們做見證，賜聖靈給他們，並說了上述那一段話。

自我說明程式

資料處理的基本原則告訴我們，嘗試同步維護不同的文件是件愚蠢的
事，對於同一件事物的相關資訊，應該盡可能統一放在同一份文件中
比較好。

　　然而，實際上，我們在處理軟體的文件時，卻往往違背了上述的
原則，我們會寫出一份程式，這是給機器看的，另外再寫一份文件，
也許是一些書面說明配上一些流程圖，這是給人看的。

　　事實證明這真的是件很愚蠢的事。眾所皆知，軟體文件往往寫得
很爛，維護則更是糟糕，一項對程式進行的修改動作，往往都不會立
即、精確、無誤地反映在文件上。

　　我認為解決方案是合併文件，把書面說明整合到程式碼裏頭，這
麼做將大幅改善維護工作，而且保證程式使用者可以隨時便利地參考
文件，這種做法稱為程式的*自我說明*（self-documenting）。

　　很明顯地，把流程圖納入程式裏是很糟的做法（雖然這並非不可

```
PGM4: PROCEDURE OPTIONS (MAIN);

      DECLARE SALEFL FILE
      RECORD
      INPUT
      ENVIRONMENT (F(80) MEDIUM (SYSIPT, 2501));
  DECLARE PRINT4 FILE
      RECORD
      OUTPUT
      ENVIRONMENT (F(132) MEDIUM (SYSLST,1403) CTLASA);
  DECLARE 01 SALESCARD,
      03 BLANK1          CHARACTER (9),
      03 SALESNUM        PICTURE '9999',
      03 NAME            CHARACTER (25),
      03 BLANK2          CHARACTER (7),
      03 CURRENT_SALES   PICTURE '9999V99',
      03 BLANK3          CHARACTER (29);
  DECLARE 01 SALESLIST,
      03 CONTROL         CHARACTER (1) INITIAL (' '),
      03 SALESNUM_OUT    PICTURE 'ZZZ9',
      03 FILLER1         CHARACTER (5) INITIAL (' '),
      03 NAME_OUT        CHARACTER (25),
      03 FILLER2         CHARACTER (5) INITIAL (' '),
      03 CURRENT_OUT     PICTURE 'Z,ZZZV.99',
      03 FILLER3         CHARACTER (5) INITIAL (' '),
      03 PERCENT         PICTURE 'Z9',
      03 SIGN            CHARACTER (1) INITIAL ('%'),
      03 FILLER4         CHARACTER (5) INITIAL (' '),
      03 COMMISSION      PICTURE 'Z,ZZZV.99',
      03 FILLER5         CHARACTER (63) INITIAL (' ');

  OPEN FILE (SALEFL),FILE (PRINT4);

  ON ENDFILE (SALEFL) GO TO ENDOFJOB;
```

```
A3 ─┐
    START

B3 ─┐
    DEFINE INPUT
    AND OUTPUT
    FILES

C3 ─┐
    OPEN
    FILES

         From K-3, D-4   D3

D3 ─┐
    READ
    A
    CARD

E3 ─┐                    Yes ── A-5
    LAST
    CARD?
    ('')
                         No
```

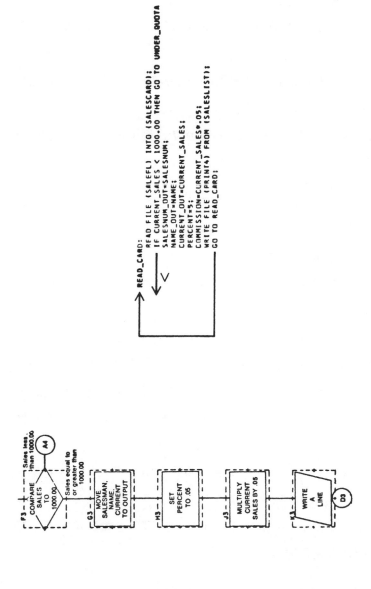

圖 15.2 流程圖和對應的 PL/I 程式比較〔節錄自 Figs. 15-41, 15-44, in *Data Processing and Computer Programming: A Modular Approach* by Thomas J. Cashman and William J. Keys (Harper & Row, 1971).〕

能），但如果取消流程圖的必要性，並改以高階語言為主，這將使程式與文件的整合變為可行。

　　把程式本身當作寫文件的介質（medium）也許會有些侷限，但對文件的閱讀者來說，程式碼本質上就是一行一行的跟句子一樣，從這個觀點來看，是有可能讓我們發展出一些技巧。接下來，我們就來看看這方面有什麼新點子或方法。

　　基本的目標，就是將文件維護的負擔降到最小，這也是我們或早期前輩們都受不了的負擔。

可行方案　第一個概念是借助於那些基於語言的要求而必須存在的語句，盡可能容納更多的訊息在裏頭，標籤、宣告、符號名稱都可以用來傳達某些涵義給閱讀者知曉。

　　第二個概念是善用留白或某些固定格式來增進可讀性，表現出從屬和巢狀的關係。

　　第三個概念是以註解的形式在程式裏加入一些敘述。也許是為了遵照組織規定所謂「好文件」的做法，許多程式都傾向於逐行為每一行程式加入充足的註解，造成過多的敘述，然而，就算是這類程式，裏頭的註解往往還是無法有效讓人理解，也無法讓人掌握住整個事物的概觀。

　　把文件內建在程式的結構、命名與格式之中，意味著程式在第一次撰寫的時候，大部分的說明也必須完成，事實上也應該完成。由於自我說明的做法，使得額外的維護工作減少到最小，做好第一次，以後的維護工作就會減輕很多。

技巧　圖 15.3 是一個能夠自我說明的 PL/I 程式，[3] 有數字的圓圈是為了便於討論而加入的，不屬於程式。

```
① //QLT4 JOB ...

② QLTSRT7: PROCEDURE (V);

③   /****************************************************************************/
    /*A SORT SUBROUTINE FOR 2500 6-BYTE FIELDS, PASSED AS THE VECTOR V.  A     */
    /*SEPARATELY COMPILED, NOT-MAIN PROCEDURE, WHICH MUST USE AUTOMATIC CORE   */
    /*ALLOCATION.                                                             */
    /*                                                                        */
④   /*THE SORT ALGORITHM FOLLOWS BROOKS AND IVERSON, AUTOMATIC DATA PROCESSING,*/
    /*PROGRAM 7.23, P. 350.  THAT ALGORITHM IS REVISED AS FOLLOWS:            */
⑤   /*   STEPS 2-12 ARE SIMPLIFIED FOR M=2.                                   */
    /*   STEP 18 IS EXPANDED TO HANDLE EXPLICIT INDEXING OF THE OUTPUT VECTOR.*/
    /*   THE WHOLE FIELD IS USED AS THE SORT KEY.                             */
    /*   MINUS INFINITY IS REPRESENTED BY ZEROS.                              */
    /*   PLUS INFINITY IS REPRESENTED BY ONES.                                */
    /*   THE STATEMENT NUMBERS IN PROG. 7.23 ARE REFLECTED IN THE STATEMENT   */
    /*      LABELS OF THIS PROGRAM.                                           */
    /*   AN IF-THEN-ELSE CONSTRUCTION REQUIRES REPETITION OF A FEW LINES.     */
    /*                                                                        */
    /*TO CHANGE THE DIMENSION OF THE VECTOR TO BE SORTED, ALWAYS CHANGE THE   */
    /*INITIALIZATION OF T.  IF THE SIZE EXCEEDS 4096, CHANGE THE SIZE OF T,TOO.*/
    /*A MORE GENERAL VERSION WOULD PARAMETERIZE THE DIMENSION OF V.           */
    /*                                                                        */
    /*THE PASSED INPUT VECTOR IS REPLACED BY THE REORDERED OUTPUT VECTOR.     */
    /****************************************************************************/

⑥ /* LEGEND  (ZERO-ORIGIN INDEXING)                                          */

    DECLARE
      (H,                    /*INDEX FOR INITIALIZING T                       */
       I,                    /*INDEX OF ITEM TO BE REPLACED                   */
       J,                    /*INITIAL INDEX OF BRANCHES FROM NODE I          */
       K) BINARY FIXED,      /*INDEX IN OUTPUT VECTOR                         */

      (MINF,                 /*MINUS INFINITY                                 */
       PINF) BIT (48),       /*PLUS INFINITY                                  */

      V (*)   BIT (*),       /*PASSED VECTOR TO BE SORTED AND RETURNED        */

      T (0:8190) BIT (48); /*WORKSPACE CONSISTING OF VECTOR TO BE SORTED, FILLED*/
                           /*OUT WITH INFINITIES, PRECEDED BY LOWER LEVELS     */
                           /*FILLED UP WITH MINUS INFINITIES                   */

    /* NOW INITIALIZATION TO FILL DUMMY LEVELS, TOP LEVEL, AND UNUSED PART OF TOP*/
    /* LEVEL AS REQUIRED.                                                       */
⑦ INIT: MINF= (48) '0'B;
       PINF= (48) '1'B;

       DO L=  0 TO 4094;  T(L) = MINF;       END;
       DO L=  0 TO 2499;  T(L+4095) = V(L);  END;
       DO L=6595 TO 8190; T(L) = PINF;       END;

⑧ K0:  K = -1;                                                          ⑩
   K1:  I = 0;                                                       <------| */
   K3:  J = 2*I+1;          /*SET J TO SCAN BRANCHES FROM NODE I.    <----| | */
   K7:  IF T(J) <= T(J+1)   /*PICK SMALLER BRANCH                    --->_| | */
          THEN              /*                                          ||| */
        ⑨ DO; ⑫            /*                                          ||| */
   K11:     T(I) = T(J);    /*REPLACE                                   ||| */
   K13:     IF T(I) = PINF THEN GO TO K16; /*IF INFINITY, REPLACEMENT_+∞ ||| */
                           /* IS FINISHED                             |||| */
   K12:     I = J;         /*SET INDEX FOR HIGHER LEVEL               |||| */
          END;             /*                                         |||| */
        ELSE               /*                                   <---+-|| */
          DO;              /*                                       | || */
   K11A:     T(I) = T(J+1); /*                                      | || */
   K13A:     IF T(I) = PINF THEN GO TO K16;         /*          _+∞ | || */
   K12A:     I = J+1;       /*                                    < | || */
          END;              /*                                    | | || */
   K14: IF 2*I < 8191 THEN GO TO K3;  /*GO BACK IF NOT ON TOP LEVEL ----+-|| */
   K15: T(I) = PINF;        /*IF TOP LEVEL, FILL WITH INFINITY         | || */
   K16: IF T(0) = PINF THEN RETURN;   /*TEST END OF SORT        <---| | | */
   K17: IF T(0) = MINF THEN GO TO K1; /*FLUSH OUT INITIAL DUMMIES _-∞ | | */
   K18: K = K+1;                       /*STEP STORAGE INDEX           | | */
       V(K) = T(0);  GO TO K1; ⑫      /*STORE OUTPUT ITEM      -------| */
   END QLTSRT7;
```

圖 15.3　自我說明程式

1.　為每次的執行都取一個獨立的工作名稱，並以此名稱來維護用以記載目的、時間、結果的執行紀錄。該名稱的組成可用一個便於記憶的代號（此例中的 QLT）加上一個數字字尾（此例中的 4），此字尾是用來標明某次執行的編號，以建立與各個紀錄的參考關係。這個做法在每次執行的時候都需要準備一個工作卡，但這件事可以整批來做，於是共同的資料便可以重複使用。

2.　為程式取一個易記的名稱。名稱中包含版本的識別碼，以適用於程式具多種版本的情況，此例中的數字是取 1967 年的最後一個數字。

3.　以一般口語化的敘述方式為此程序（PROCEDURE）加上註解。

4.　記錄程式中所使用的演算法可供參考的文獻。由於參考文獻中已經有最詳盡的說明，所以這麼做可以節省說明的空間，並讓經驗豐富的閱讀者可以省略不看，因為這已經足以讓他了解你的意圖。

5.　指出程式與文獻中所記載的演算法之間的關係：
a）改變　b）使用上的特例　c）代表性的做法

6.　宣告所有的變數，並使用易記的名稱，以註解來對所宣告（DECLARE）的變數做更進一步的解釋。注意程式本身已經包括了變數名稱並進行了結構化的編排，所以註解只需要針對變數的目的來描述即可，這麼做可以避免程式碼與註解重複同樣的命名與編排。

7.　以標籤來標明變數的初始設定。

8.　以標籤來標明一個區塊的程式片段，表示出同屬一個完整演算法的程式敘述。

9.　以縮排來突顯結構與分段。

10. 手工加入邏輯上代表執行流程的箭頭，這些箭頭在除錯或修改程式時非常有用。把它們標示在註解的右側邊界上，使之成為程式的一部分，但不影響機器讀取。

11. 單行註解，或是補充講解任何不夠清楚的地方。如果上述的技巧都用上了，單行註解應該會很簡短，為數也應該不多。

12. 把多個程式敘述寫在同一行，或將單一個程式敘述拆成多行來寫，使必須同在一起進行思考的部分放在一塊兒，並使它看起來與其他演算法的描述是一致的。

拒絕去做的理由　以上所述的文件撰寫技巧有什麼缺點呢？的確有，但隨著時代進步，也就不再構成缺點了。

最大的反對理由是增加了程式碼的儲存空間，尤其是當程式碼越來越朝向以電子檔的方式來儲存。我自己也發現為 APL 程式所寫的註解較為簡化，因為它儲存在磁碟裏，而 PL/I 程式的註解則較為詳細，因為它是以卡片的形式儲存。

然而，文件的儲存方式也一樣正朝著電子檔的方向在演進，好讓文件可以直接在電腦上進行存取或編輯，如此一來，程式與文件的合併事實上將降低儲存的字元總數。

同理，對於採用自我說明的方式，將使得編寫程式的時候將費力地敲更多的字，這種講法也不再說得通，因為輸入文件裏的每個字母至少都得敲一個鍵，若採用自我說明的做法，同樣的事情便不需要再重打一遍，所以敲鍵的總數反而會比較少。

流程圖或結構圖呢？如果只用到較高階的結構圖，以另外獨立的文件加以記載倒還好，因為更改的頻率可能不高，當然，也可以用註解的方式將之整合到程式碼中，而這似乎是個明智的做法。

　　應用在組合語言的程式上呢？我想整個自我說明的基本概念都可以應用，留白或特定的格式也許在使用上的彈性並不高，但命名和結構化的宣告是可以好好發揮的，巨集的使用對溝通也有很大的助益，而不管是何種語言，註解都是很棒的方式。

　　自我說明的做法是來自於使用高階語言的刺激，我們發現以高階語言搭配整批或交談式的線上系統，正可發揮自我說明最強悍的威力，同時也為兩者的結合提供了一個堅實的理由，就如同我之前說過的，這樣的語言和系統將提供程式設計師非常強而有力的協助。電腦終究是服務人類的，而非由人去配合電腦，電腦的使用正該使事物的處理符合直覺、經濟，與人性。

16

沒有銀彈：軟體工程的
本質性與附屬性工作
No Silver Bullet —
Essence and Accident
in Software Engineering

16

沒有銀彈：軟體工程的
本質性與附屬性工作

No Silver Bullet —
Essence and Accident
in Software Engineering

在未來的十年之內，無論是在技術上或管理上，都不會有任何單一的重大
突破能夠保證在生產力、可靠度或簡潔性上獲得改善，甚至，連一個數量
級的改善都不會有。

There is no single development, in either technology or management technique,
which by itself promises even one order-of-magnitude improvement within a
decade in productivity, in reliability, in simplicity.

艾森巴赫的狼人（The Werewolf of Eschenbach），德國：線雕畫，1685 年
紐約 The Grainger Collection 慷慨提供

摘要[1]

所有的軟體創作都包括了本質性工作（essential task）和附屬性工作（accidental task）。前者是去創造出一種由抽象的軟體實體所組成的複雜概念結構，後者則是用程式語言來表現這些抽象的實體，並在某些空間和速度的限制之下，將程式對應至機器語言。以往，軟體生產力的重要進展絕大部分是來自於人為障礙（artificial barrier）的排除，像是嚴苛的硬體限制、難用的程式語言、上機時間（machine time）的不足等等，這些都是造成進行附屬性工作益發困難的原因。現在，若跟本質性的工作相比，軟體工程人員所做的事還有多少算是花在附屬性的工作上呢？除非附屬性工作要耗費的心力超過全部工作的9/10，否則就算是將所有的附屬性工作降至零，也無法將整個開發工作的輕鬆程度提升一個數量級。

> **[譯註]**
>
> 假設軟體開發的總工作量為 10，其中，本質性工作佔掉 1，附屬性工作佔掉 9，那麼改善附屬性工作，將之消除，就可以把軟體工作量減輕到 1（因為附屬性工作變成0），此時我們可以說，軟體開發的輕鬆程度提升了一個數量級（因為由 10 進步到 1，差 10 倍）。
>
> 　　不過，作者認為這個假設現在已不再成立。

　　因此，現在該是把心力放在軟體開發的本質性工作上的時候了，也就是關於創造出抽象的複雜概念結構方面。我建議：

● 多加利用大眾市場，避免開發現成就買得到的東西。

● 在制定軟體需求時，採用多次反覆的方式，並把快速原型製作

（rapid prototyping）納入所規劃的每個反覆之中。

- 讓軟體像生物一樣地發育成長，在系統持續被執行、被使用、被測試的過程中，逐步擴充功能。

- 持續尋覓並培養年輕一代偉大的概念設計人員。

簡介

在民俗傳說裏，所有能讓我們充滿夢魘的怪物之中，沒有比狼人更可怕的了，因為牠們會突然地從一般人變身為恐怖的怪獸，因此，人們嘗試著尋找能夠奇蹟似地將狼人一槍斃命的銀彈。

我們所熟悉的軟體專案也有類似的特質（至少以一個不懂技術的管理者的角度來看），平常看似單純而率直，但很可能一轉眼就變成一隻時程延誤、預算超支、產品充滿瑕疵的怪獸，所以，我們聽到了絕望的呼喚，渴望有一種銀彈，能夠有效降低軟體開發的成本，就跟電腦硬體成本能快速下降一樣。

但是，我們預見，從現在開始的十年之內，將不會看到任何銀彈，無論是在技術上或管理上，都不會有任何單一的重大突破能夠保證在生產力、可靠度或簡潔性上獲得改善，甚至，連一個數量級的改善都不會有。本章，我們將探討軟體問題的本質，以及目前各種所謂銀彈的特性，並藉此說明為什麼不會有銀彈。

然而，懷疑並非悲觀，雖然我們預見不會有任何重大的突破，而且事實上，我相信發生這種重大突破也不符軟體的本質，但是，仍然有許多令人振奮的創新正在進行當中，若能按部就班、持之以恆地予以發展、散佈，並靈活運用的話，想必應該會得到一個數量級的進展。捷徑是不會有的，但有志者事竟成。

　　人類能克服疾病的第一步，就是以細菌說（germ theory）淘汰了惡魔說（demon theory）和體液說（humours theory），正是這一步，帶給了人類希望，粉碎了所有奇蹟式的冀望，告訴人們進步是要靠按部就班、不辭勞苦而來，得在清潔衛生方面持續不斷地投入心血，養成良好習慣，才是正道。如今，我們面對軟體工程也是一樣。

[譯註]

「惡魔說」：生病是因為惡魔作怪，或是做錯事，觸怒了惡魔。

「體液說」：人體流著四種體液：血液（blood）、黏液（phlegm）、膽汁（choler）、黑膽汁（black bile），這四種體液各有不同的屬性，決定了人的性情、脾氣。生病是因為這四種體液的比例不均衡所致。

「細菌說」：由法國微生物學家巴斯德（Louis Pasteur, 1822 ～ 1895）開創，發現疾病是由細菌感染而來的。

註定就是要那麼辛苦嗎？——本質上的困難

不只是眼前不會有任何銀彈，正因為軟體的本質使然，未來也不太可能會有——沒有任何的發明能夠在軟體的生產力、可靠度或簡潔性上起得了作用，雖然電子工程、電晶體和大型積體電路為電腦硬體帶來了長足的進步，但我們無法期望軟體每兩年就一定會有兩倍的成長進步。

　　首先，我們必須注意到，造成反常的原因並非是軟體發展得太慢，而是電腦硬體實在進步得太快了，有史以來，沒有其他技術能夠在 30 年內就可以讓價格效能比（price-performance gain）達到六個數量級的進步，從其他技術中，你也找不到一個能夠在效能提高或成本

降低方面有這樣的進展。這些進展是來自於電腦的製造方式,從裝配工業轉變為加工工業所致。

其次,為了明瞭到底我們可以期望軟體技術進展到什麼程度,讓我們來探討一下軟體開發的困難度。仿照亞里斯多德(Aristotle)的分類,我把軟體的開發工作區分為本質性(essence)——也就是源自於軟體本質,屬於與生俱來的困難——以及附屬性(accident)——也就是當今伴隨在製作過程中所產生的困難,而非與生俱來的部分。

附屬性的工作我將在下一小節中討論,我們先來探討一下本質性的工作。

本質上,軟體實體其實是由許多彼此環環相扣的概念所組成的,包括:資料集合、各個資料項目之間的關係、演算法,以及各種功能的執行。這樣的本質是抽象的,因為不論有多少種不同的呈現方式(representation),概念的構造都是不變的。儘管如此,卻必須達到高度的精確性與極度地詳盡。

我相信軟體開發真正的困難,是在於這種概念構造的規格制定、設計和測試,而並非在孜孜矻矻於它的呈現方式,以及測試該呈現方式的精確程度。當然,我們仍然會犯一些語法上的錯誤,但這跟多數系統中屬於概念性的錯誤相比,其實是微不足道的小事。

如果這是事實,那麼軟體的開發將永遠是件累人的事,在先天上就註定不會有銀彈。

讓我們來探討一下這些現代軟體系統中都少不了的天生特質:複雜性(complexity)、配合性(conformity)、易變性(changeability)、隱匿性(invisibility)。

複雜性 論規模,軟體實體複雜的程度恐怕任何其他人為的創作都比

不上，因為沒有任何兩個部分是一樣的（至少就單行程式敘述這個層級以上而言），假如一樣，我們會把一樣的部分弄成一份，變成一個公開或私下使用的副程式。然而電腦硬體、房屋建築或汽車製造卻能夠大量重複使用零件，在這方面，軟體系統是極大的不同。

數位電腦本身就比大部分人們建造的東西要更複雜，它們有一大堆的狀態，這使得理解、描述和測試它們都非常困難，而軟體系統中的狀態又比電腦更多出幾個數量級。

同樣地，將一個軟體實體擴大規模（scaling up）的時候，不僅僅將重複使用為數更多的相同元素，不同元素的數量也勢必增加，在大部分的情形下，這些元素彼此交互作用的程度是呈非線性成長，而整個複雜度增加的情況也遠遠超過線性預估的結果。

軟體的複雜是屬於本質上的特性，而非附屬的特性，所以，對於一個軟體實體所做的描述，若將其複雜性抽離，結果往往也連帶抽離了它的本質。數學和物理學之所以能在過去三個世紀突飛猛進，就是藉由為複雜現象建立出簡單的模型（model），然後從模型中推導出現象的特性，並透過實驗來驗證這些特性。這種方式之所以行得通，是因為在模型中所排除掉的複雜性並非現象的本質，如果這些複雜性是屬於本質上的特性，那就行不通了。

許多軟體產品開發的老問題都是源自於本質上的複雜性，以及複雜性隨著軟體規模呈非線性成長的特性。因為複雜性，使開發團隊的成員溝通困難，進而導致了產品的瑕疵、成本的超支、時程的落後；因為複雜性，使程式裏可能的狀態更加難以一一列舉，也更加難以明瞭，進而使產品變得很不可靠；因為功能上的複雜性，使得這些功能難以運用，並造成程式使用上的不方便；因為結構上的複雜性，使程式在擴充新功能的時候，難保不會產生副作用；因為結構上的複雜

性，使一些不易察覺的狀態成了安全上的漏洞。

　　不僅僅是技術上的問題，複雜性也會導致管理上的問題。複雜性造成難以看出系統的概觀，於是阻礙了概念整體性（conceptual integrity）；複雜性造成難以發現並控制所有該做而未做的事；複雜性造成了學習與理解上的巨大負擔，使人員的異動形同是個災難。

配合性　面對複雜性，軟體從業人員並不孤單，在物理的領域中，甚至得研究「基本」粒子層級這種複雜到令人害怕的東西。但是，物理學家不辭辛苦，堅信最後一定會找到一致的原則，不論是夸克（quark）或統一場論（unified field theory）。愛因斯坦（Einstein）屢次強調，一定有簡單的道理來解釋自然界，因為上帝並非反覆無常、獨斷獨行。

[譯註]

物理學家喜歡以簡馭繁，例如：尋找構成萬物的基本粒子、尋找支配萬物的單一作用力。「夸克」是 1964 年由美國物理學家蓋爾曼（Murray Gell-Mann, 1929 ～）提出在質子、中子、電子之外的一種新的基本粒子，這使得人類又朝向基本粒子邁進了一大步。而支配萬物的單一作用力則是愛因斯坦（Albert Einstein, 1879 ～ 1955）在他畢生最後二十五年所尋覓的目標，這方面的理論就是「統一場論」。

　　軟體工程師可沒有這種信仰可供慰藉，有太多他必須加以掌握的是屬於這種反覆無常的複雜性，這是源自於軟體必須毫無規律、毫無來由地被迫迎合人類現有制度和系統的介面（interface）所致，而這些又因介面的不同、時機的不同而有所變化，倒不是非得這樣才行，乃是因為軟體要配合的東西是由不同的人所設計的，而非上帝。

軟體必須配合其他的領域，也許是因為軟體科學是比較晚近才發展出來的緣故，另外的原因就是軟體感覺上好像就是很容易配合其他領域的樣子。但在所有的情況下，更多的複雜性是來自於必須配合其他領域的介面所致，這方面如果要加以簡化，可不是軟體單獨重新設計就可以辦到的。

易變性　軟體實體必須持續面對改變的壓力。當然，房屋建築、汽車、電腦硬體也都會有這種壓力，但是製造業的產品在正式量產之後便很少會再更動，它們會被後來的新型產品所取代，或是把必要的改變結合至後續具有相同基本設計的一系列產品之中。產品收回（call back）對汽車來說是極少發生，現場變更（field change）在電腦硬體方面會有一些，但是兩者修改的頻率都遠比一個已正式上線運作的軟體要少很多。

之所以會如此，有些是因為系統的功能是透過軟體來具體呈現的，而功能正是最容易感受到改變的壓力的部分，另一些則是因為軟體修改較為容易——它純粹是思考的產物，有無限的延展性。房屋建築事實上也會改變，但誰都可以理解改變的成本很高，所以比較不會有那種心血來潮、突發奇想的改變。

所有成功的軟體都必須面臨修改，這是受到兩種作用的影響。當發現一項軟體產品很實用的時候，人們會在原來適用範圍的邊緣，甚至超過這個範圍之外，嘗試把軟體用在新的情況上，此時，擴充新功能的壓力主要來自於喜愛原來基本功能的使用者所發明的新用法。

第二種，成功的軟體生命週期會很長，比它當初所適用的機器平台存活得還要久，即使沒有新電腦出現，至少也會有新硬碟、新顯示器、新印表機，於是軟體必須配合這些環境上新工具的發展。

　　簡而言之，軟體跟應用領域、使用者、法律和機器平台這些文化上的來源息息相關，而這些來源都持續在演變，這些演變將無情地迫使軟體跟著改變。

隱匿性　軟體既看不見，也摸不著。幾何上的抽象表示法是一種威力強大的工具，房屋建築的樓層配置圖可以幫助建築師和客戶一起評估空間、動線和景觀，矛盾之處變得顯而易見，遺漏之處也能夠立即發現。機械零件的比例縮放圖（scale drawing）和化學粒子的棒線圖模型（stick-figure model）雖然都很抽象，但也達到了相同的目的。只要是幾何上的實體，都可以透過幾何上的抽象表示法來加以掌握。

　　軟體的實體在本質上跟空間並沒有關係，所以沒有什麼幾何上的表示法可用，不像描述某個地域有地圖、描述矽晶片有電路圖、描述電腦有連接圖，當我們想要畫圖來表現軟體的結構時，就會立刻發現組成的並不是一張圖，而是好幾張很普遍的那種有向圖（directed graph），彼此交疊在一起，這幾張圖可能是用來表現控制流、資料流、相依關係的模式、時間的先後順序，以及命名空間的關係，這些東西通常甚至不是二維的，也很少具有階層性。事實上，要在這種結構中建立起概念上的控制，其中一個方法就是強行切斷彼此的關聯性，直到有一個以上的圖形看得出階層為止。[2]

　　雖然我們在軟體結構的規範和簡化上有所進展，但軟體依舊還是保有它天生的隱匿性，於是剝奪了我們運用某些威力強大的概念性工具的意圖，少了這些工具，不僅阻礙了一個人腦袋裏所進行的設計過程，更會嚴重阻礙不同大腦之間的溝通。

過去的突破所解決的都是附屬性的難題

如果我們對過去軟體技術上成果最豐碩的三項進展加以探索的話，就會發現，每一項都是針對軟體開發中的一個不同的重大難題來進行挑戰，但這些都是附屬性的難題，而非本質性的，我們也可以看出這類進展再往上提升時的先天侷限性。

高階語言　使用高階語言來編寫程式，在軟體的生產力、可靠度與簡潔性上，確實是最強而有力的一次突破。大多數觀察這項進展的人都相信，這對生產力而言，至少會有五倍的提升，並且伴隨著得到了可靠度、簡潔性，以及理解力上的增益。

　　高階語言達成了什麼樣的使命呢？它使得程式不再陷入許多原來附屬在程式裏的複雜性。一支抽象的程式所包含的是一些概念的構造：函式、資料型別、先後順序的關係，以及訊息傳遞的方式，然而實際上，與機器碼攸關的其實是位元、暫存器、條件、分支、通道、磁碟等等。高階語言可以將抽象程式裏所必要的構造予以具體化，並且避免掉所有更低階的東西，在這種情形下，它把跟程式內涵一點關係都沒有的那一整層複雜性給去除了。

　　高階語言最厲害的，就是只要是程式設計師想得到的，任何在抽象程式裏所需要的構造，它都能提供。當然，我們思考關於資料結構、資料型別，以及函式的精緻程度是不斷地在向上提升，但提升的比率卻是持續在往下降，而且語言的發展也越來越貼近使用者所需要的精緻程度。

　　此外，就某些方面而言，若高階語言支援得太過精緻，反而會成為一種累贅，對於很少會使用到這類稀有構造的使用者，這種累贅不

但不會減輕他們的負擔，還會讓他們更傷腦筋。

分時技術　大多數觀察這項進展的人，都相信分時（time-sharing）技術對程式設計師的生產力，以及對他們的產品品質有重大的提升，縱使這方面改善的幅度並不像高階語言所帶來的那麼多。

　　分時技術所挑戰的是另一個截然不同的難題，因為分時，確保了即時性，使我們得以持續保住腦子裏對複雜的概觀（overview）。編寫程式時，採取整批處理的方式將造成緩慢的回覆時間（turnaround），這意味著如果我們不特別留意的話，當程式的編寫被打斷，並且要求進行編譯與執行程式的那一瞬間，對於當時腦子裏所思考的東西，其中有某些細節將不可避免地被遺忘掉，這種意識上的中斷最浪費時間，因為我們必須再花時間讓腦子回復到當初被打岔時的狀態。影響最為嚴重的，也許就是剛要對一個複雜系統有所領悟時就被打斷，之後就想不起來了。

　　跟機器碼的複雜度一樣，緩慢的回覆時間是軟體開發過程中的附屬性難題，而非本質性的。分時技術所能貢獻的底限也可以直接推算出來，由於其主要的效用就是縮短系統的反應時間，當這項時間趨近於零，並在某一點上跨越了人類所能夠察覺到有系統反應時間存在的臨界點，大約是十分之一秒，低於這個值，就不會再有任何效益了。

統一的軟體開發環境　Unix 和 Interlisp 是第一個得到廣泛使用的整合軟體開發環境，並且也被公認已將生產力提升了好幾倍，為什麼呢？

　　這方面所挑戰的附屬性難題，就是藉由提供完整的程式庫、統一的檔案格式、管道（pipe）和過濾器（filter），以促成軟體的共用，於是，任何概念的構造在理論上都可以呼叫、傳遞和運用在另一個對象，而實務上，這點也很容易就可以辦得到。

　　這方面的突破隨後也帶動了整個工具軟體的發展，因為每一個新工具只要用的是標準規格，就可以適用於任何程式。

　　由於這些成功，使得開發環境成為今天眾多軟體工程研究領域中的一門學科。我們將在下一節中看看這方面的前景，以及限制。

尋找銀彈

現在，就讓我們來探討最常被提及有潛力成為銀彈的一些技術上的發展。它們對付的是什麼樣的問題？這些問題是本質性的，還是屬於我們還沒有對付完畢的附屬性問題？它們造就了革命性的進步，還是只有微幅的成長？

Ada 和其他高階語言的進展　最近最常聽說的進展之一，就是程式語言 Ada，它是 1980 年代的一個通用型的高階語言。事實上，Ada 不只是反映了在語言概念上的演進，同時也具體實現了一些助長現代設計與模組化概念的特徵；也許，Ada 的理念才是比 Ada 語言本身更先進的地方，這理念就是模組化（modularity）、抽象資料型別（abstract data type）、階層式結構（hierarchical structure）。Ada 當初在設計上就是為了能夠容納各種需求，做為這種情況下的自然產物，Ada 也許是過於龐大了，不過這不要緊，如果只使用它工作語彙中的一小部分，就可以解決它在學習上的問題，而且由於硬體上的進展，使我們可以用更便宜的代價來換取更快的機器，這足以彌補它在編譯速度上的損耗。花同樣的錢，換來更快的速度，並以此推動軟體系統的結構化，確實是非常好的投資。作業系統在 1960 年代，因記憶體和速度上的代價太高而為人所詬病，如今，由於硬體的進展，已證明

了作業系統是個善用廉價速度與記憶體的最佳模範。

　　儘管如此，Ada 將不足以成為一顆能夠對付軟體生產力這隻怪獸的銀彈。它畢竟只是另一個高階語言罷了，從這樣的語言中可以得到的最大獲益是來自於第一次的轉變，也就是從機器所附帶的複雜之中提升起來，轉變為一步步解決問題、較為抽象的程式敘述，一旦這些附屬性質被排除之後，剩下的東西就較為單純，再要靠排除複雜的方式，所得到的效益必然就很少了。

　　我預料，十年後再來評估 Ada 的效益時，就會發現那將與現在的評價有相當大的差異，但原因並不會是任何特定的語言特色，實際上也不會是所有這些特色的組合，這些和新的 Ada 環境都不會是造成進步的主因。 Ada 最大的貢獻，將轉而被認定為使程式設計師都受到了現代軟體設計技術的洗禮。

物件導向程式設計　　相對於當今流行的各種技術，物件導向程式設計（object-oriented programming）已被許多軟體工程的學生寄予了更多的希望，[3] 我也是其中之一。 Dartmouth 的 Mark Sherman 指出，有兩個不同的概念我們必須小心地加以分辨，從名稱上就可以看出這兩個概念的不同：抽象資料型別和階層式型別。後者也被稱為類別（class）。所謂抽象資料型別，其概念就是一個物件的型別應該由一個名稱、一組適當的值和一組適當的操作方式來定義，而不是以它儲存的結構來定義，這部分應該是要被隱藏起來的，例如 Ada 的包裹（package）（使用私有型別）或 Modula 的模組（module）。

　　階層式型別，例如 Simula-67 的類別，允許一般的介面都能夠以次一層級的型別來做更進一步的細緻化（refine）。這兩者是各自獨立的概念──可能存在沒有隱藏的階層，也有可能出現沒有階層的隱

藏，兩種概念都代表了軟體開發技術上的實質進展。

　　兩者也都各自排除了更多在開發過程中的附屬性困難，允許設計人員在表達他所設計的主體時，不必再表示出大量的、無助於解釋主體的語法性內容。對抽象資料型別和階層式型別兩者而言，其結果同樣都是排除了更高階的附屬性困難，並使設計得以運用更高階的表達方式。

　　儘管如此，這樣的進展除了能夠在設計的表達方式上排除掉許多附屬性困難之外，就不會再有任何其他的效益了，設計本身的複雜是本質性的，而上述的進展對複雜並不會有任何改變，如果要讓物件導向程式設計能夠獲得一個數量級的效益，除非今天我們所使用的程式語言中，殘留在型別規格裏這種非必要的墳碎，其本身就耗掉了整個軟體產品設計工作的十分之九，不過這點我很懷疑。

人工智慧　許多人都期望人工智慧（artificial intelligence, AI）的進展能夠為軟體生產力和品質帶來一個數量級的革命性突破，[4] 但我可不這麼想，要知道為什麼，我們必須先剖析「人工智慧」的意涵，然後去看看它的應用。

　　Parnas 已經澄清了用語上的混亂：

對於 AI，現在常用的有兩個差異很大的定義。 AI-1：利用電腦來解決之前只能靠人類智慧解決的問題。 AI-2：運用一組特定的程式設計技術，常見的像是以探索程序（heuristic）或法則（rule）為基礎的程式設計，就這項定義而言，人類專家（human expert）是被研究的對象，以找出他們用來解決問題的探索程序和經驗法則……程式被設計成以模仿人類在解決問題時所採用的方法來解決問題。

第一項定義的解釋可大可小……某些事物也許在今天可以符合 AI-1 的定義，但是，一旦我們看清了程式運作的方式並領悟了問題的所在，我們將不會再認為那是 AI ……很遺憾，對於這個領域，我還無法辨認出它所特有的技術主體是什麼……該怎麼做幾乎跟特定的問題有關，並且需要某些抽象的概念或創造力，才能知道要怎樣才能將同樣的做法轉用在不同的問題上。[5]

　　我完全認同這段評論。用於語音辨識的技術和用於影像辨識的技術似乎共通性很少，而且兩者都跟專家系統（expert system）所用的技術不同。舉例來說，我覺得很難看出影像辨識在軟體的實務上會造成任何顯著的改變，語音辨識也一樣，軟體開發難就難在決定要表達什麼，而不在於表達本身，表達的方式再怎麼簡化，所得到的效益也是有限的。

　　至於專家系統的技術，也就是 AI-2 定義，值得用另一個獨立的小節來說明。

專家系統　人工智慧技術中最先進、應用最廣的部分，就是建造專家系統的技術了，有很多軟體科學家致力於把這項技術應用到軟體開發的環境上，[6]其概念為何？有多少成功的勝算呢？

　　一個專家系統就是一支具有廣義推理引擎（inference engine）與知識庫（rule base）的軟體程式，被設計成可接收輸入資料和假設條件，然後藉由知識庫來推導出邏輯上的結果，產生推論和指示，並利用回溯其推理過程來向使用者解釋緣由。除了純粹的決定邏輯（deterministic logic）之外，推理引擎一般也能處理模糊（fuzzy）或隨機（probabilistic）的資料和規則。

　　雖然相同的問題所得到的答案也相同，但是，相對於把演算法寫

死在程式裏的做法，專家系統擁有一些明顯的優點：

- 推理引擎技術的發展是獨立的，與應用領域無關，所以它可以應用在許多方面，你在推理引擎上投入更多的心血都是值得的。事實上，這項技術相當先進。

- 屬於特定應用領域這類變動性高的部分，則是以固定相同的形式來編碼，並且成為知識庫的一部分，也有工具可以用來建立、更改、測試知識庫與製作知識庫文件，這使得應用領域本身的許多複雜性得以規律化。

Edward Feigenbaum 指出，這種系統的威力並非來自於越來越精巧的推理引擎，而是來自於越來越豐富的知識庫，知識庫越豐富就越能精確反映出真實世界的情況。我相信這項技術所帶來最重要的進步，是將應用領域的複雜性從程式中區隔出來。

這樣的技術要如何應用在軟體工作上呢？方向很多：介面的建議法則、測試策略的建議、提醒各種錯誤發生的頻率、提供最佳化的指引等等。

例如，考量一位虛擬測試顧問，在初期尚未成熟時，這個診斷專家系統非常類似於一份飛行員的檢查列表，很基本地對困難的可能成因提供建議，當知識庫發展得更為充實之後，這些建議就變得更為專精，並對所陳述的問題症狀提出更精緻的解說。你可以想像一位除錯助手，在早期提供的都是些非常籠統的建議，但隨著越來越多的系統結構納入到知識庫之後，它所產生出來的推論以及所建議的嘗試就會越來越像個行家。像這樣的一個專家系統可能與傳統系統完全不同，它的知識庫可能必須要配合軟體產品採用相同的階層模組化結構，以使產品在按著模組變更時，它的診斷知識庫也一樣能夠按著模組進行

變更。

　　在為系統和各個模組設計測試案例的時候，產生診斷法則是無論如何必須要做的事，如果這項工作可以透過某個一體適用的方法來完成，對這些法則採用一致的結構，並擁有一個良好的推理引擎隨時備用，那麼或許它真的可以減輕設計測試案例的工作負擔，也有助於長期維護和進行修改部分的測試。同理，運用在軟體開發工作其他部分的情形，對於其他的專家系統——也許是它們之中的許多，以及較簡單的一些——我們都可以做出類似的推論。

　　對軟體開發人員來說，要完成一個實用的專家系統，在初期就會遭遇許多困難。以我們假想的例子來說，關鍵的問題就在於如何發展出一個簡單的方法，能夠從軟體結構的規格之中，自動或半自動地產生診斷法則。甚至更困難、也更重要的，就是知識獲取的雙重任務：找出對自己專業的來龍去脈、前因後果有深刻的了解，同時又具備自我分析能力，並且善於表達的專家；以及發展一套有效的技術，好把這些專家腦袋裏的東西挖出來，然後放進知識庫裏。想要開發一個專家系統，在本質上的先決條件，就是要擁有一位專家。

　　專家系統最具威力的貢獻，毫無疑問地將是把經驗提供給沒有經驗的程式設計師，並將優秀程式設計師的智慧給累積起來，這貢獻可不小，最優秀的軟體工程實務做法（practice）與一般尋常技巧之間的差距是相當大的——可能比任何其他工程領域中的差距還要大。有這麼一項能夠將優秀技巧散播出去的工具是很重要的。

「自動化」程式設計　所謂「自動化程式設計」（automatic programming），就是根據問題定義的陳述，就可以產生解決問題的程式碼。這方面的期盼和論述已經持續了將近 40 年，從當今的一些文獻中看

來，彷彿希冀著這項技術能夠成為下一個重大突破。[7]

Parnas 指出這個字眼只能用來讓人嚮往，並不具任何實質意義，他說：

簡而言之，自動化程式設計從來都是一種好聽的說法，骨子裏其實是用更高階的語言來編寫程式，比程式設計師目前所使用的語言還要高階罷了。[8]

本質上，他認為在多數的情況下，規格所要給定的是解決方案，而非問題。

也有例外，建構產生器（building generator）的技術就具有強大的威力，而且往往在分類挑選之類的軟體方面非常好用，某些用來計算微分方程的系統也已經允許對所要解決的問題進行規格設定，系統就會評估這些設定的參數，然後從解法函式庫中進行選擇，產生程式。

這類的應用具備了幾個非常有利的條件：

- 很輕易地就可以用相對較少的參數來描繪出問題的特徵。
- 有很多已知的解法可供製作解法函式庫之用。
- 對於根據給定的問題參數來進行解法選擇的這項技術，已有廣泛的分析來導引出清晰的法則。

擁有這些完美的條件是屬於特例，很難想像要如何將這樣的技術予以通用化，好讓一般的軟體系統也都能普遍適用，甚至很難想像會發生促成通用化這種突破的可能性。

圖形化程式設計　在軟體工程方面的博士論文中，有一個頗受歡迎的

題目是視覺化或圖形化程式設計（graphical programming），也就是把電腦繪圖應用在軟體設計上。[9] 這種做法之所以被視為理所當然，有時是源自於設計超大型積體電路晶片的類比，因為電腦繪圖在這方面扮演了一個高生產力的角色；有時則是源自於把流程圖視為一種很理想的軟體設計工具，並為了繪製流程圖而提供了功能強大的輔助工具。

到目前為止，這方面不但沒有出現任何令人信服的方法，更別說有什麼令人興奮的進展，我相信未來也不會有。

首先，如同我之前就強調過的，流程圖是一種很爛的軟體結構抽象表示法，[10] 事實上，最好把它視為 Burks、von Neumann 和 Goldstine 在當初非不得已的情況下，為他們設計的電腦所提供的一種高階控制語言。以當今流程圖的精細程度而言，那真是慘不忍睹、一連好多頁、有許多方塊糾結在一起，做為一種設計工具，這基本上已被驗證過是個沒什麼用的東西——程式設計師都是在寫程式之後才畫流程圖，而不是在寫程式之前畫。

其次，如果任何重要而詳細的軟體圖形，其涵蓋範圍與分解狀況都要顯示出來的話，以像素（pixel）來算，當今的螢幕都太小了。在當今工作站上所謂的「桌面隱喻」（desktop metaphor）其實改成「飛機座位隱喻」（airplane-seat metaphor）才比較貼切，任何人抱著滿滿膝蓋的文件，坐在兩個大胖子中間，應該就可以體會這之間的差別——你每次只能看一點點的東西。真正的桌面是隨便你想看哪一頁的任何範圍都可以，而且，當創意的靈感湧現的時候，大部分的程式設計師或作家都會離開桌面，轉移到更寬闊的地板上工作。要使我們智力所及之處都能夠得到足夠的空間，以滿足軟體設計工作的需要，硬體技術勢必要先有重大的進展才行。

更重要的，就是我之前已經強調過的，軟體是很難視覺化的，不論我們要畫出控制流程、變數範圍巢狀圖、變數交叉參考、資料流、階層性的資料結構，或任何圖形，都好比是瞎子摸象，我們所感覺到的，只是軟體內部錯綜複雜組織中的一個面向。假如我們藉由許多相互關聯的觀點。將所有的圖合併放在一塊兒，那將會很難得到任何整體性的概觀，超大型積體電路的類比基本上是個誤導——晶片的設計是一層層的二維物體，其幾何上的構造剛好反映了它的本質，而軟體系統並非如此。

軟體的驗證　現代軟體有很多努力都投入在測試和錯誤的修正上，如果在系統設計階段，就把錯誤的源頭給剔除掉，這種做法是否有可能成為一顆銀彈呢？在投注大量心力到軟體的實作與測試之前，先驗證設計的正確性，採用這種與眾不同的策略，就能夠徹底同時提升生產力和產品的可靠度嗎？

我不相信會在這方面發現什麼神奇的效果，軟體驗證（verification）是一項非常具有說服力的概念，對非常講究安全穩固這一類程式而言，像是作業系統的核心，驗證是相當重要的。但是，這項技術並不保證能夠省下人力，驗證的工作可多得很，以致於只有少數關鍵性的程式會被驗證。

通過軟體驗證也不意味著程式裏就不會有錯誤，在這一點上也不會有任何神奇的效果，就算是數學證明也都可能會有不完備之處，因此，即使驗證或多或少能減輕軟體測試的負擔，但也無法完全消除這種負擔。

更重要的，就是即使將軟體驗證做到最完美，頂多也只能證實軟體符合了規格，其實，軟體工作最困難的部分是在於如何得到一份既

完整又不矛盾的規格,而軟體開發的本質性工作中,事實上有很多都是屬於規格上的除錯。

環境與工具　從這麼多追求更佳的軟體開發環境方面的研究中,可以期望得到多少增益呢?人的本能反應都是優先對付並解決高報酬的問題──階層式的檔案系統、統一的檔案格式,於是造就了統一的程式介面與通用工具。供特定語言使用的智慧型編輯器是最新的進展,還沒有在實務上廣泛運用,但它頂多也只能保證可以對付語法錯誤和簡單的語意錯誤。

有朝一日,軟體開發環境上可能實現的最大進展,也許就是整合資料庫系統的使用,以協助程式設計師持續追蹤必須準確無誤地調用的各種細節,並在單一系統上,維持團隊成員之間這些細節的最新狀態。

這方面的工作確實值得去做,也確實會在生產力與可靠度上得到某些成果,但就它真正的本質而言,今後收穫必然有限。

工作站　個人工作站的威力與記憶體容量是如此快速而穩定地進步,這方面對軟體技術而言,又有什麼樣的增益是可以期望的呢?好,你能充分利用多快的電腦呢?以當今電腦的速度而言,支援編寫程式和撰寫文件早已綽綽有餘,至於程式的編譯也許會花些時間,但只要機器的速度再快上 10 倍,必然會讓思考的時間成為程式設計師一天中最主要的活動花費,而事實上,現在看起來就是如此。

更棒的工作站我們當然更歡迎,但可別指望在這上頭會發生什麼奇蹟。

在概念本質上大有可為的做法

雖然沒有任何技術上的突破能夠保證某種奇效，就像我們在硬體方面
經常見識到的那樣，但是，還是有很多有益的工作可以繼續做下去，
儘管不會有什麼戲劇性的進展，然而穩定的成長是可以預期的。

　　所有為了克服軟體附屬性困難的技術，基本上都受限於以下這一
條生產力公式：

$$工作時間 = \Sigma_i \ (頻率)_i \times \ (時間)_i$$

　　我相信，在目前的工作中，假如概念性的部分佔掉了絕大部分的
時間，那麼，在構成這份工作的各種活動中，那些僅僅用在表達概念
所進行的活動，沒有一個會給生產力帶來巨大的幫助。

　　所以，我們必須認真考量的，是那些針對軟體問題的本質所採取
的作為，也就是有系統地處理複雜概念結構的方法。很幸運地，其中
有些還是大有可為。

外購與自製　軟體開發最極端的可行方案，就是根本不要自己開發。

　　讓人眼花撩亂的各種應用，每天都有越來越多的廠商提供更多更
棒的軟體產品，這使得外購也變得越來越容易。當我們的軟體工程師
正埋首奮鬥於產品開發的方法時，個人電腦革命已經創造了不只是單
一的，而是很多的軟體大眾市場。在每個書報攤出售的月刊雜誌裏，
都有數十種產品的廣告和評鑑，不但按照機器種類分類，價格從幾塊
錢到幾百塊錢的都有，更專業的商源則為工作站和其他 Unix 市場提
供了功能更強的產品，甚至就連軟體的工具和環境都可以現貨供應。
我還曾經在別處建議為單獨的模組開闢一個市場。

　　任何像這樣的產品，用買的總是比重新去做要來得划算，就算所買來的軟體要花上 10 萬美元，也不過是養一個程式設計師一年的錢，而且還可以立即交貨！立即到至少看得到確實存在的產品，立即到產品的開發者可以請你自己去問問那些滿意的使用者。此外，這類產品往往都有更好的文件，也維護得比自家開發的軟體還要好。

　　我相信，大眾市場的發展絕對是軟體工程最長遠的趨勢。軟體的成本就相當於它的開發成本，而非複製成本，這從以前到現在都是這樣，所以，即使是只有少數幾個使用者來分擔這些成本，也將大幅降低每位使用者的成本。從另外一個角度來看，把軟體系統複製了 n 份去使用，實際上就相當於把開發者的生產力擴大了 n 倍，對這個領域，對國家而言，就相當於是一種生產力的提升。

　　當然，關鍵就在於適用性。我能夠將現成的套裝軟體（off-the-shelf package）應用在我的工作上嗎？以下是一件令人驚訝的事。從 1950 到 1960 年代期間，相關的研究一再顯示，使用者不願意將這類商品運用在支付薪水、存貨控制、應收帳款……等方面，這些需求都非常特殊，各個情況之間的差異也都非常大，但到了 1980 年代，我們發現這類商品的需求量相當大，而且被運用得很廣。這期間到底發生了什麼樣的變化？

　　這並非全然是商品上的改變，商品或多或少是更通用些，也或多或少比從前更能夠客製化（customizable），但程度上並不會相差太多。也並非全然是應用上的改變，真要說的話，當今在商業上和科學上的需要，可比 20 年前還要更複雜、更多樣化。

　　最大的變化是在於硬體和軟體的成本比。在 1960 年，對一個花了 200 萬美元去購買機器的買主而言，他還能夠再多花 25 萬美元去訂製一套用來支付薪水的軟體，這種軟體很容易就無聲無息地埋沒在

對電腦很排斥的社會環境裏。今天，對一個花了 5 萬美元去購買辦公用機器的買主而言，他大概不會想再多花錢去訂製什麼支付薪水的軟體，他會調整支付薪水的程序，以配合現成的軟體商品，現在電腦那麼普遍，以致於即使還沒有那麼喜歡，但接受調整已經是很理所當然的事了。

對於我認為過去這幾年來，軟體商品的通用性只有些微進展的說法，也有些例外是蠻引人注目的：電子試算表和簡易的資料庫系統。跟以往比較起來，這些威力強大的工具也沒什麼了不起，可是出現得太晚，它們本身可以有各式各樣的用途，有些應用還相當特異，現在有大量的文章，甚至書籍，說明如何利用試算表來解決你意想不到的事情，有相當多的應用在從前都是用 Cobol 或處理報表程式語言（Report Program Generator）來量身訂做寫出程式，而現在都很稀鬆平常地運用這些工具來處理。

現在，有很多使用者不曾寫過一支程式，卻日復一日地在各種應用方面操作他們自己的電腦，事實上，這些使用者有很多都不會為他們的電腦寫新的程式，儘管如此，卻不妨礙他們善用電腦來解決新的問題。

我相信對當今的許多機構而言，要提升軟體生產力，唯一最具威力的策略就是將個人電腦，以及通用而齊全的編輯、繪圖、檔案、試算表程式，配置給位居前線的腦力工作人員，然後放手讓他們去做。相同的策略，以通用的數學和統計套裝軟體，配上一些簡單的程式設計功能，也同樣適用於數以百計在實驗室裏工作的科學家。

需求的提煉與快速原型製作　開發軟體系統最困難的一個部分，就是準確地決定出要開發什麼，其他部分的概念性工作，都不如建立詳細

的技術性需求那麼困難，這包括跟人、跟機器、跟其他軟體系統的介面，如果搞砸了，這方面對最終完成的系統所造成的負面影響，將比其他部分的工作都更大，這方面也比其他部分的工作更難在後續的開發過程中進行彌補。

　　因此，為了替客戶們著想，軟體開發人員最重要的任務，就是對產品的需求予以反覆地萃取和提煉。實際上的狀況是，客戶也不清楚他們要什麼，他們常常不知道有什麼問題要解決，也幾乎從未在那些必須將細節載明清楚的問題上好好想過，甚至連像這樣的一個簡單回答──「製作一套新的軟體系統，執行起來就像我們原來用人力運作的資訊處理系統一樣」──事實上都過於簡單，而客戶們所要的，從來都不會剛好是這樣的東西。此外，複雜的軟體系統都是做一做、改一改、動一動，這種運作上的動態變化是很難去想像的。所以，在規劃任何軟體活動的時候，對於系統定義的部分，在客戶與設計人員之間預留大量的反覆（iteration）是必要的。

　　我將更進一步地斷言，現代軟體對客戶來說，即使有軟體工程師的參與，在開發出他們心目中的產品並試著做出幾個版本之前，實際上想要完整、精準而正確地界定出需求是不可能的。

　　因此，目前在技術上為解決軟體問題所做的努力中，其中一個針對本質性、非附屬性、最大有可為的突破，就是有關於系統快速原型製作（rapid prototyping）的發展，包括方法和工具，這已成為反覆制定需求規格過程中的一部分了。

　　一個軟體系統的原型（prototype），就是對預計要開發的系統模擬出重要的介面，並展現出主要的功能，但在做法上並不需要被同樣的硬體速度、空間大小或成本上的限制所束縛。原型一般所展現的都是應用上的主要功能，但並不試圖去處理例外的狀況，不必然要對不

合理的輸入資料做出正確的反應，也不用在乎程式中止前是否將資源
清除乾淨等等。原型的目的是將概念結構實現出來，好讓客戶能夠體
驗一下是否合用、是否有矛盾之處。

　　當今有非常多的軟體獲取（software acquisition）程序都是基於
一個假設，假設能夠預先界定出一份完滿的系統規格，並以此為這項
開發專案進行喊價，然後獲准開發，直到把軟體安裝起來。我認為這
個假設根本就是大錯特錯，而且很多軟體獲取的問題都是肇因於這項
謬誤，於是造成若無重大的改版，這些問題就無法解決，而這正是用
在反覆開發以及原型和產品規格制定過程中的改版。

漸進式開發——發育軟體，而非建構軟體　在 1958 年，從一位朋友
的口中，我第一次聽到有關於是**建構**（build）一個程式、而非**寫**
（write）一支程式的說法，我還記得當時所感受到的那份震驚，就在
那一瞬間，他讓我對整個軟體開發程序的視野更加開闊，這項比喻的
轉換深具影響力，也說得非常精確。今天，我們都能夠理解軟體的創
作跟其他建築過程是多麼地類似，我們也很隨意地使用這項比喻的其
他要素，像是**規格**、**組件的裝配**，以及**鷹架**。

　　建構的比喻經歷了它實用的階段，現在又該是改朝換代的時候
了，我相信，假如今天我們所創作出來的概念結構已經複雜到難以事
先做出精確而詳細的說明，並且複雜到難以正確無誤地建構下去，那
麼我們就必須採取另一種完全不同的做法。

　　讓我們拋開人為的這些死板板的東西，回歸自然並研究一下存在
於生命中的複雜性，便會發現這些構造複雜到令你產生敬畏的悸動，
光是大腦本身，就錯綜複雜到筆墨難以形容，功能強大到任何人為產
物都模仿不了——千變萬化、自我保護、自我更新。這其中的祕密，

就是大腦係發育（grow）而成，而非建構而來。

　　相同的道理也一定適用於我們的軟體系統。多年前，Harlan Mills 就建議任何軟體系統都應該採用漸進式的開發方式來加以發育，[11] 也就是先讓系統能夠執行起來，即使它還不能做出什麼有用的事情，只能呼叫一些空的副程式。然後，讓副程式一個個發育成具有某些功能的器官，或暫時呼叫更下一層的空模組，於是系統就這樣一點一滴地充實起來。

　　自從將這項技術向我軟體工程實驗課裏的專案開發人員大力提倡之後，我已見識到它驚人的效果。過去十年間，從未有任何事物能如此徹底地改變我自己在實務上的做法，或是效果。這種方法迫使採取由上而下的設計方式（top-down design），因為軟體的發育就是由上而下的。即使做錯了，也很容易就可以反悔，也有助於早期的原型製作，每一個新加入的功能，以及因應更複雜的資料或環境而加入的措施，都彷彿像生物一樣在它原有的基礎上發育完成。

　　對士氣造成的鼓舞效果也很驚人。當已經擁有一個可以執行的系統時，就算那只是個很簡單的系統，鬥志也會被激發出來。當新繪圖軟體系統的第一個畫面出現在螢幕上的時候，雖然那只不過是一個矩形，也會讓努力的成果有加倍的效果。在開發過程中的每一個階段，我們會一直保有一個可以執行的系統，相對於建構的做法，我發現開發團隊更能在四個月內發育出更加複雜的軟體。

　　在我的這些小案子中所得到的效果，同樣也能夠在大型專案中實現。[12]

偉大的設計師　　關於如何提升軟體技藝這個核心問題，一如既往，其關鍵在人。

　　我們可以藉由遵循良好的實務做法，摒棄掉差的，從而得到良好的設計。良好的實務做法是可以教導出來的，程式設計師是屬於人口分佈中最聰明的一群，所以他們一定可以學會良好的實務做法，因此，在美國，主要的動力就是散佈最新、最優良的實務做法。新課程、新著作，還有像是軟體工程協會（SEI）這類新組織，在在都是為了將我們的技巧從拙劣提升到優秀的等級，這麼做完全正確。

　　但無論如何，我不相信我們下一步還能夠再以相同的方式來繼續獲得提升。雖然，拙劣設計和良好設計之間的不同也許是基於設計方法的健全與否，但是，良好設計和偉大設計之間的差異則絕非如此，偉大的設計出自於偉大的設計師。軟體的開發是一項創作的過程；健全的方法可以解放一個富創造力的心靈，但是無法點燃或觸發凡人。

　　這樣的差異並不算小 —— 有如薩里耶利（Salieri）和莫札特（Mozart）之別。研究一再顯示，頂尖的設計師所製作出來的架構更快、更小、更簡潔、更清爽，所耗費的功夫還更少。偉大與平凡之間將近有一個數量級的差異。

[譯註]

薩里耶利（Antonio Salieri, 1750 ～ 1825）和莫札特（Wolfgang Amadeus Mozart, 1756 ～ 1791）的故事可以參考電影《阿瑪迪斯》（*Amadeus*），這部電影談的就是凡才對天才的嫉妒。薩里耶利是苦讀型、受過正規教育的音樂家，但是以他的天分，再怎麼努力都仍然無法達到莫札特出神入化的境界，他辛苦創作出來的東西就是不夠格成為足以流傳後世的等級，他嫉妒莫札特，但又非常喜愛莫札特的作品，甚至把莫札特臨死前未完成的作品〈安魂曲〉佔為己有。

　　稍微回顧一下歷史便能明瞭，雖然有許多良好而實用的軟體系統是由正規的團隊所設計，並且是由許多個部分的專案所建構而成，但是真正激勵人心、擁有廣大熱情愛好者的軟體系統，往往都是出自於一位或少數偉大設計師的構想，想想 Unix 、 APL 、 Pascal 、Modula 、 Smalltalk 的介面，甚至 Fortran ，然後對照一下 Cobol 、PL/I 、 Algol 、 MVS/370 ，以及 MS-DOS（圖 16.1）。

是	否
Unix	Cobol
APL	PL/I
Pascal	Algol
Modula	MVS/370
Smalltalk	MS-DOS
Fortran	

圖 16.1　激勵人心的產品

　　所以，雖然我對目前已正在進行的技術散佈和課程發展抱以高度的支持態度，但我認為首要值得我們投入心血的，就是去發展能夠培養出偉大設計師的方法。

　　沒有任何軟體組織能夠忽視這項挑戰，雖然優秀的管理者很少，但這不會比優秀的設計師更少；偉大的設計師和偉大的管理者同樣非常罕見。大部分的組織都會花很大的心血去尋找和栽培管理方面的明日之星，但據我的了解，雖然產品在技術上的傑出表現，其最終關鍵是在於偉大的設計師，卻沒有一個組織會花等量的心血在尋找和栽培偉大的設計師。

　　我所提出來的第一項建議，就是每一個軟體組織都必須下定決心並公開宣示對一個成功的組織而言，偉大的設計師和偉大的管理者同樣重要，他們能夠得到相同的培訓和報酬，不單單是薪水方面，還包括檯面上看得到的特權——辦公室的大小、裝潢、個人專用的技術設備、旅遊津貼、助手——都必須完全相同。

　　如何培養偉大的設計師呢？限於篇幅，無法在這裏做冗長的討論，但有幾個步驟是顯而易見的：

- 有計畫地盡早辨識出頂尖的設計人才，而最好的，往往不是最資深的。

- 指派一位負責生涯規劃的老手來引導這位明日之星的成長，並掌握住一份精心規劃的生涯檔案。

- 為各個明日之星設計並維護一份生涯成長計畫，包括小心地篩選跟隨頂尖設計師見習的人員、安排更高階的正式教育，以及短期課程，過程中穿插由他獨力設計和技術領導的任務指派。

- 提供機會讓這些成長中的設計師能夠在一起交流並相互刺激。

17
再論「沒有銀彈」
"No Silver Bullet" Refired

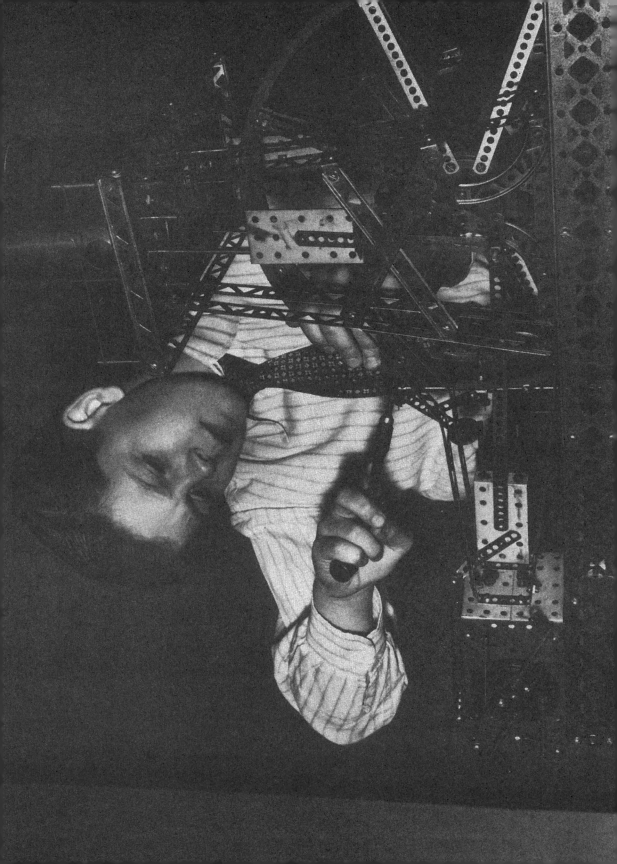

17
再論「沒有銀彈」
"No Silver Bullet" Refired

無論中彈與否，都是命中註定。

英格蘭威廉三世，奧蘭治公爵

Every bullet has its billet.

WILLIAM III OF ENGLAND, PRINCE OF ORANGE

無論誰想要看到十全十美的東西，那麼就去想像一下那種過去不曾有過、現在也沒有，而未來也不會存在的事物。

亞歷山大‧波普，《An Essay on Criticism》

Whoever thinks a faultless piece to see,
Thinks what ne'er was, nor is, nor e'er shall be.

ALEXANDER POPE, AN ESSAY ON CRITICISM

以現成的零件組裝成一個更大的結構，1945 年
The Bettman Archive

英格蘭威廉三世（William III of England, 1650～1702），奧蘭治公爵，於 1689 至 1702 年間擔任英格蘭、蘇格蘭及愛爾蘭的國王。

亞歷山大・波普（Alexander Pope, 1688～1744），英國文學家、詩人、批評家，《*An Essay on Criticism*》是其探討新古典主義的論文。

關於狼人和其他恐怖傳說

〈沒有銀彈：軟體工程的本質性與附屬性工作〉（本書第 16 章）原先是在 1986 年都柏林 IFIP 研討會中的一篇受邀論文，並且刊登在這一系列的論文集之中。[1]《*Computer*》雜誌也轉載了這篇文章，在充滿神祕詭異的封面之後，用了幾張《倫敦狼人》（*The Werewolf of London*）之類的電影劇照來當作說明，[2] 他們還加上了一段〈終結狼人〉的附註，用來引出非銀彈則不能成功的（現代）傳說。對於這樣的附註與說明，在出版之前我並不知情，也沒料到一篇嚴肅的技術性論文會被誇張成這樣。

對於為了達到一些預期的效果方面，《*Computer*》的主編是專家，雖然似乎很多人已經讀過了該篇文章，我還是選了另一幅狼人的圖片來搭配那一章，一幅古老圖畫，上頭有隻模樣挺滑稽的怪獸，希望這幅沒那麼花俏的圖片也能夠達到同樣正面的效果。

必定有銀彈——而這就是！

〈沒有銀彈〉主張並斷言在未來的十年之內（從 1986 年那篇文章發表後開始算），不會有任何單一的軟體工程上的突破，能夠讓程式設計的生產力得到一個數量級的提升。現在，這十年我們已經過了九年，所以，目前蠻適合來看看這項預言到底準不準。

雖然《人月神話》引發了許多論述，但爭議很少，倒是〈沒有銀彈〉引發了不少持相反意見的文章，包括寄給期刊主編的一些信件，以及到今天都還在持續出現的一些書函和短評，[3] 這其中有大部分都是對「不會有任何特效藥的主張」提出反駁，而我所提出來的鮮明見

解也並非是唯一的道路。絕大多數的人都能認同〈沒有銀彈〉中大部分的主張，但隨後都力主事實上對付軟體這隻怪獸的銀彈是存在的，也就是他們所發明的絕招。今天，當我重新溫習這些早期回應意見的時候，我不得不注意到，在 1986 年對萬靈丹的追求是多麼地如火如荼，而到了 1987 年，卻聽不到有什麼重大進展的宣告。

　　我購買硬體和軟體主要會根據「滿意使用者」的測試──也就是跟那些真誠而善意、花了錢購買產品而使用後也覺得滿意的顧客們聊一聊。同樣地，當一位真誠而善意、自主不受他人影響的使用者向前邁進了一步，並且說：「我用了這個方法、工具，或產品，而這讓我的軟體生產力提升了十倍。」我將非常樂意相信一種銀彈已經具體存在。

　　有許多來信的讀者已經做了合理的修正或是澄清，有些還進行了逐條的分析和反駁，對於這些，我甚表感激。在這一章，我將分享一些進展，並對這些不同的意見加以回應。

含糊不清的用語將造成誤解

有些作者指出我沒有把某些論點講得很清楚。

附屬性　〈沒有銀彈〉的主要理念已經如我想要表達的方式，明確地描述在第 16 章的摘要之中，但是，有某些地方已經被附屬性（accident）和附屬的（accidental）這些字眼給混淆了，這些字眼是出自於亞里斯多德（Aristotle）的古老用法。[4] 就附屬的這個字眼而言，我所指的並不是偶然發生的意思，也不是意外不幸的意思，而是比較接近伴隨的或次要的意思。

　　我無意貶抑軟體創作中屬於附屬性部分的工作，取而代之的，我用的是英國劇作家、偵探小說家，以及神學家 Dorothy Sayers 的論點，也就是任何創作活動都包括：（1）將概念的構造設計成形；（2）以具體的介質（medium）加以實作；（3）透過實際上的運用，與使用者進行互動。[5] 對於軟體開發，我說的 **本質性**（essence）工作，所指的就是概念構造的創作智能，而我說的 **附屬性** 工作，則指的是實作的程序。

對事實的一項質疑　對我來說（也許並非對所有的人都是這樣），是否該認同我的主要理念，似乎歸結到對事實的一項質疑：目前，整個投注到軟體上的心血，其中有多少是跟概念的構造精確而有系統的呈現方式（representation）有關呢？而有多少則是耗費在概念構造的創作智能上呢？錯誤的尋找與修正並非全然落在任何一方，這要看這些錯誤是否是屬於概念上的，例如對某些例外狀況的認知錯誤，亦或是屬於呈現手法方面的，例如指標的錯誤或記憶體配置的錯誤。

　　目前，附屬性或呈現手法方面的工作已經降到了大約是全部工作的一半或是更少，這就是我的看法，就是這樣。既然這部分是針對事實的一項質疑，所以在基本上，是可以透過量測來估算出它的數值的。[6] 就算無法量測，我所做的估計也還可以藉由更精細和更新的估計來進行修正，更重要的是，還沒有任何人公開發表或私下記錄，斷言附屬性工作所佔的比例是十分之九。

　　無庸置疑地，〈沒有銀彈〉主張，附屬性部分的工作所佔的比例如果是低於十分之九的話，就算把它降到零（那得期望奇蹟出現），也無法讓生產力獲得一個數量級的提升。你 **必須** 對付屬於本質性的部分才行。

　　因為〈沒有銀彈〉的緣故，Bruce Blum 提醒我注意到 1959 年由赫茲柏格（Herzberg）、Mausner 和 Sayderman 所做的研究，[7] 他們發現動機上的（motivational）因素能夠提升生產力，另外，環境上和附屬性的因素則無論多麼有利，卻不能夠提升生產力，但如果這些因素的影響是負面的話，則會降低生產力。〈沒有銀彈〉主張有很多軟體上的進展已經排除了這類負面因素，如：令人頭大的機器語言、回覆時間冗長的整批處理方式、簡陋的工具、嚴苛的記憶體限制。

本質性工作很困難所以就無望了嗎？　在 1990 年 Brad Cox 的一篇〈銀彈存在〉（There Is a Silver Bullet）的優秀文章中，他振振有詞地指出採取可再利用（reusable）、可替換組件的方式，來對付屬於概念本質性部分的問題，[8] 我由衷地表示贊同。

> ［譯註］
> Brad Cox 也是軟體的大師級人物，「軟體 IC」一詞就是他提出來的。

　　然而，Cox 對〈沒有銀彈〉有兩點誤解。第一，就他所理解的，軟體遭遇的困難是起因於「當今程式設計師在某些軟體開發方法上之不足」；而我所主張的，是本質性的困難係源自於軟體功能在概念上的複雜性，而無關於設計和建構這些軟體功能的時機或方法。第二，他（以及其他一些人）以為〈沒有銀彈〉主張對付軟體開發本質性的困難是無解的，這可不是我的意思，在概念創作上的技巧確實因它本身的複雜性（complexity）、配合性（conformity）、易變性（changeability）、隱匿性（invisibility）而有所困難，但是，因這些困難而導致的問題是可以改善的。

複雜性的層級　例如，複雜性是最嚴重的困難來源，但並非所有的複雜性都是無法避免的。在我們的軟體創作中，雖然不是全部，但是有很多概念上的複雜性都是源自於應用本身反覆無常的複雜性（arbitrary complexity），實際上，一家跨國管理顧問公司MYSIGMA Sødahl and Partners 的 Lars Sødahl 就寫道：

> 就我的經驗，在從事軟體工作所遭遇到的複雜性之中，有絕大部分都是組織裏不良運作機制的忠實呈現，如果嘗試用同等效果的複雜程式去模擬這樣的真實現況，實際上的一團亂還是存在，並沒有把問題解決掉。

Northrop 公司的 Steve Lukasik 認為，屬於組織制度上的複雜性可能並不是那麼地反覆無常，其中也許存在著規律的原則：

> 我被教育成一位物理學家，所以看待「複雜的」事物傾向於用更簡單的概念來描述它。現在也許你是對的，我並不會主張所有複雜的東西都存在著規律原則的可能……但相同的道理，你也無法斷定這種規律的原則並不存在。

> ……昨日的複雜將成為今日的秩序，因為分子擾動的複雜性而導出了氣體動力學和熱力學的三大定律，軟體就目前而言也許還沒有找出這一類規律性的法則，但為什麼還沒有，該如何解釋，責任在你。並不是我理解力差或是好辯，我相信有一天軟體的「複雜性」會因為採用了某些更高階的觀念來表示而變得易於理解（物理學家不變的定理）。

我並沒有對Lukasik 合情合理的說法進行更深入的分析，就學理

而言，我們需要一個更廣泛的資訊理論（information theory），可以測定出靜態結構的資訊內容，就如同夏農（Shannon）為通訊的資料流量所研究出來的理論一樣，這已經超出了我的能力範圍。對 Lukasik 我只簡單的這麼回應：系統的複雜性是由無數個分別必須精確定義的小細節所組成的函數，要不就採用某些一般性的規則，要不然就得把所有的細節都算得一清二楚，而不是只用統計的方式。集合眾人智慧的這種非協調性的工作，必須有足夠的一致性，才能用一般性的規則加以精確地描述，而這看來是極不可能的事。

[譯註]

夏農（Claude E. Shannon, 1916 ～ 2001），美國數學家，是近代通訊理論的奠基者，他開創了「資訊理論」，準確地預測了所有通訊系統的基本限制，包括資料壓縮與傳輸的極限。現在這些都成了設計通訊系統時的「最高指導原則」。

　　然而，許多軟體創作中的複雜性並不是為了去配合外在的真實現況所產生的，而是源自於實作本身——軟體的資料結構、演算法、連結關係。以更高階的模組去持續發育（grow）軟體，使用別人的、或是再重新利用自己過去做過的模組，以避免面對所有階層的複雜性，〈沒有銀彈〉所倡導的是針對複雜性的問題實實在在的對策，對於所能夠達到的進展相當地樂觀，它致力於將必要的複雜性納入軟體系統之中：

* 有層次地（hierarchically），藉由分出階層的模組或物件。
* 漸進式地（incrementally），以使系統總是可以執行。

Harel 的分析

David Harel 在 1992 年的一篇文章〈咬緊銀彈〉（Biting the Silver Bullet）中，對當時已發表的〈沒有銀彈〉進行了非常仔細的分析。[9]

悲觀、樂觀與現實　Harel 認為〈沒有銀彈〉和 1984 年 Parnas 的〈戰略防禦系統軟體面面觀〉[10] 這兩篇文章都寫得「太過於絕望了」，於是他就針對了這一點來闡述較為光明的一面，他的文章還用了個副標題是「讓系統開發走向一個光明的未來」。Cox 跟 Harel 一樣，也都認為〈沒有銀彈〉太悲觀了，他說：「如果你從另一個新的觀點來看相同的這些事實，一個較為樂觀的結果就會浮現出來。」他們都誤解了整個宗旨。

　　首先，我太太、我同事，以及我的主編，都發現我經常都是太過樂觀多於太過悲觀，我畢竟是程式設計師的背景，而樂觀正是我們這行的職業病。

　　在〈沒有銀彈〉中說得很明白：「我們預見，從現在開始的十年之內，將不會看到任何銀彈……然而，懷疑並非悲觀……捷徑是不會有的，但有志者事竟成。」它預測 1986 年當時所正在進行中的各項創新發展，假如已發展成熟並加以充分發揮的話，將共同為生產力確實地提升一個數量級。就 1986 到 1996 這十年間的進展看來，這樣的預言實現了，真要追究的話，太過樂觀的成分還多於太過悲觀。

　　即使所有的人都認為〈沒有銀彈〉過於悲觀，這又有什麼錯呢？愛因斯坦（Einstein）說沒有任何東西跑得比光速還快，這麼說是「悲觀」或「絕望」嗎？戈德爾得到了一個結論是某些事物是無法計算的，這又如何呢？〈沒有銀彈〉所著眼的，是去證實「正因為軟體

的本質，使得它的確不太可能有任何銀彈。」Turski 在 IFIP 研討會中一篇優秀的回應論文說得鏗鏘有力：

在所有致力於科學的努力研究中，走錯方向最慘的莫過於點金石（philosophers' stone）的研究，一種能夠將賤金屬轉化成黃金的寶石。藉由宗教、非宗教的統治者所資助的大量經費，供世世代代的研究人員狂熱地追求。這個煉金術的終極目標其實是個一廂情願想法的忠實縮影，普遍假設事物都會變成如我們想要的那樣。正是人類的這種信仰，使得人們耗費了許多心血去接受這種無法解釋的問題存在，即使已被證明是不可能的，面對著所有的怪異，尋覓解法的願望依舊是非常非常地強烈，而大部分的人都會對這種明知不可為而為之的勇氣寄予同情，於是這種研究便得以持續下去，這種不可能任務的論說便得以持續出現，讓禿頭恢復秀髮的藥劑就這樣被調製出來，而且大賣，讓軟體生產力提升的方法就這樣被醞釀出來，而且超級大賣。

我們太常讓自己被樂觀牽著鼻子走（或利用資助者的樂觀），我們也往往寧願聽信江湖郎中誘人的靈丹妙藥，而不願傾聽真理的聲音。[11]

［譯註］

戈德爾（Kurt Gödel, 1906 ～ 1978），生於捷克，卒於美國普林斯頓，是二十世紀偉大的數理邏輯學家。上文提到「某些事物是無法計算的」所根據的就是他著名的「不完備定理」（incompleteness theorem），大意是：在任何數學系統裏，只要有某種程度的內容，就會包含無法證明或否定的命題，這顯示了邏輯本身的侷限性。

　　Turski 和我都堅信妄想將會阻礙向前進展的腳步並且是徒勞無功的。

「悲觀」的原因　就 Harel 的認知，他認為造成〈沒有銀彈〉悲觀的原因有三點：

- 本質性和附屬性的二分法。
- 對每一個可能的銀彈採取個別單獨評論的方式。
- 只預測 10 年，這對「預期任何重大的突破」而言，並沒有足夠長的時間。

　　關於第一點，那是整篇文章的重點，我依然相信，想要明瞭軟體之所以困難的原因，這樣的區分方式絕對是必要的，對於我們該將心血用在對付哪一種類型的問題上，這樣的區分是一項值得信賴的準則。

　　關於對可能的銀彈採取個別單獨評論的方式，〈沒有銀彈〉的確是這麼做的。各種可能的銀彈一個接著一個被提出來，每一個都過度地自賣自誇，對它們一個個分別來進行檢驗，這麼做是很公平的。並不是我跟這些技術過不去，而是更期望它們真的是那麼地神奇有效。Glass 、 Vessey 和 Conger 在他們 1992 年的一篇文章中就指出，有充足的證據顯示，對銀彈這種沒有意義的研究仍尚未停止。[12]

　　關於選擇較短的 10 年來做為預測的時間，而非 40 年，有部分原因是受限於我們的預測能力，超過十年的預測從來都不準，我們當中有誰能夠在 1975 年的時候預測出 1980 年代的微電腦革命呢？

　　還有一些其他的原因可以說明這 10 年的限制：每一個可能的銀彈所打出來的廣告都具有一定的立即性，我想不起來這之中有誰說

過：「買我這顆靈丹妙藥，包你吃了十年後見效。」此外，硬體的效能／價格比可能是以每十年一百倍的成長在進步，相對而言，雖然這沒什麼根據，但直覺上軟體的進步是必然的，下一個 40 年之後，我們將確實會擁有一個相當程度的進展，一個數量級的進步就超過 40 年以上而言，幾乎不算是什麼神奇的事。

Harel 的假想實驗　Harel 提出了一項假想實驗，他假定〈沒有銀彈〉的主張不變，只是發表的時間換做是在 1952 年，而非 1986 年。他這用的是**歸謬法**（reducto ad absurdum），用來反駁自附屬性中切分出本質性的做法。

> ［譯註］
> 「歸謬法」：由 q 出發，推導出邏輯結果 r，如果 r 是矛盾的，那麼 q 就被否定掉。

　　這樣的論點不能成立。第一，〈沒有銀彈〉從一開始就主張，就 1950 年代軟體發展的狀況而言，在比例上，當時是附屬性部分的困難遠遠超過本質性部分的困難；現在情況改變了，隨著這些附屬性的困難得到解決，我們已經得到了幾個數量級的進步。把相同的狀況倒退回 40 年前是不合理的，幾乎沒有人能夠在 1952 年料到並斷言附屬性的困難將不再成為軟體開發最費力的部分。

　　第二，Harel 對 1950 年代所假想的情況並不正確：

那個時代並不是在大型、複雜系統的設計工作中掙扎，相反地，程式設計師是忙於發展傳統的一人程式（以現代的程式語言來說，就是 100 到 200 行等級的程式），這種程式只能執行有限的

演算工作。就當時已有的技術和方法而言，這些工作將無法避免
失敗、錯誤和時程落後。

　　然後，他就說明這些發生在傳統一人程式裏的失敗、錯誤和時程
落後，如何能在 25 年之後得到一個數量級的進步。

　　但事實上，軟體技術的狀況在 1950 年代並非是以小型的一人程
式為主。1952 年，Univac 計算機正執行著一個由八位程式設計師所
開發出來的複雜程式，以進行 1950 年代的戶口普查；[13] 還有其他的
機器被用來進行化學動力學、中子擴散運算、飛彈效能運算等等；[14]
組譯器、配置連結器和載入器、浮點解譯系統等等，也使用得很普
遍。[15] 1955 年，人們正在開發 50 到 100 人年工作量的商用程式；[16]
1956 年，奇異公司已經將一個薪資系統用在它位於 Louisville 的家電
工廠，那是個超過 80,000 字（word）的程式；1957 年，SAGE
ANFSQ/7 空防電腦已經運轉了兩年，一個具有 75,000 個指令的通
訊、雙重失效保險的即時系統在 30 個陣地中執行任務。[17] 若說技術
上的演進是因為這種一人程式，並認為這就是自 1952 年以來耗費軟
體工程發展最多心力的部分，那是說不過去的。

這就是銀彈　Harel 隨後提出了他自己的銀彈，一項稱做「香草框架」
（The Vanilla Framework）的模塑技術（modeling technique），這個做
法本身並沒有提供足夠詳細的說明來衡量好壞，但是有參考到另外一
篇論文，以及一份技術報告，似乎會在適當的時候整理成書。[18] 模塑
技術所針對的確實是本質性的問題，提供合宜的概念創作和除錯方
法，所以，我也希望，或許香草框架將有可能帶來革命也不一定。
Ken Brooks 報告說他在實際工作上嘗試過，並發現那是個蠻有用的方
法。

隱匿性　Harel 強力主張，軟體有許多概念的構造在先天上就具有拓樸空間（topological）的性質，而其中的關聯性在先天上就具有相應的空間／圖形呈現方式：

> 使用適當的視覺表現方式，將可為工程師和程式設計師帶來可觀的效果，甚至，這種效果並不會只侷限在附屬性方面，對於品質，以及思考上的探索方面，也發現會有所改善。未來，成功的系統開發將環繞在視覺化的表現方式。一開始，我們會先使用「適當的」實體和關係來形成概念，然後將我們的概念，有系統地組織和再組織成一系列越來越容易理解的模型，而這些模型是透過視覺化語言的一個適當的組合來展現。之所以是一個組合，是因為系統模型有不同的面向，而每一個面向都描繪了不同性質的意念。
>
> ……在模型建立的過程中，有某些方面並不像其他部分那樣容易做出良好的視覺化表現，例如就操作變數和資料結構的演算法來說，也許就仍然保留以文字來表示。

這點 Harel 和我的想法非常接近。我所主張的，就是軟體並非三度空間的結構，所以，一個概念設計就會對應到一張圖形的單純對應關係，在先天上是不會有的，無論是二維或更多維的情形。他認為我們需要多種圖，每一種圖都是用來涵蓋某個特定的觀點，若是用在其他觀點則一點也無法表示得很好，這我也認同。

我完全能體會他對於使用圖形來輔助思考和設計的這份狂熱。我一直很喜歡問候選的程式設計師一個問題：「下一個十一月在哪裏？」如果你覺得這問得很含糊，就要求：「請把你心中的曆法模型告訴

我。」真正優秀的程式設計師擁有很強的空間理解力，他們通常擁有時間上的幾何模型，他們總是特別能了解未經詳述的第一個問題。他們擁有高度個人化的模型。

Jones 的觀點——生產力隨著品質而來

Capers Jones 曾提出一個敏銳的見解，這個見解最初是寫在一連串非正式的紀錄之中，後來是出現在書上，幾個與我通信的朋友也提到過。〈沒有銀彈〉就如同這陣子大部分的文章一樣，焦點都集中在生產力，也就是軟體每單位的輸入成本能得到多少輸出效果。 Jones 說：「非也，把重點放在品質上，生產力將隨之而來。」[19] 他認為，只要是成本過高和時程落後的專案，都耗費了非常多的額外時間和工作在尋找並修正規格、設計、實作中的錯誤。他提出了資料來佐證，缺乏有系統的品質控制與發生時程落後的災難，這兩者之間有強烈的相關性，我也相信這樣的論點。但 Boehm 指出，如果過份地追求品質的話，對生產力反而會有負面的影響，就像 IBM 公司的太空梭軟體一樣。

Coqui 也同樣認為，建立一個有系統的軟體發展規範，主要是用來對付品質的問題（特別是在避免重大災難方面），而非出於生產力的考慮。

但請注意：在 1970 年代，把工程上的原則應用在軟體的製作上，其目的是為了增進軟體的品質、可測試性、穩定性和可預測性——倒未必是為了軟體製程的效率。

促成軟體工程規範應用於軟體製程的動力，主要是來自於對重大

變故的恐懼感，而變故發生的原因，也許是源自於無法掌控某個高手，因為系統特別複雜，而他身負開發之責。[20]

那麼，生產力的情形如何？

生產力值　生產力的值非常難以定義、量測，也難以計算。Capers Jones 相信，兩份同等的 Cobol 程式分別花 10 年編寫，但其中一份使用結構化的方法，另一份則否，那麼所得到的效果將相差三倍。

　　Ed Yourdon 說：「我預料藉由工作站和軟體工具的使用，將可以得到五倍的改善。」Tom DeMarco 相信：「就憑這一籮筐的技術，想要在 10 年內得到一個數量級的進步，你期望得太樂觀了。我還沒看過哪個組織創造過一個數量級的進步。」

套裝軟體──用買的；不要自己做　〈沒有銀彈〉在 1986 年所做的判斷中，有一項我認為已經被證明是正確的：「大眾市場的發展絕對是軟體工程最長遠的趨勢……」從學理上的觀點來看，不論是供組織內部使用或對外交貨的軟體，相對於量身訂做的軟體開發，這種大眾市場軟體幾乎是一個全新的產業。當商品賣到上百萬套──甚至只有幾千套──品質、交貨期程、產品效能，以及後續的支援成本，都將成為重要的問題，而不像量身訂做的系統是以開發成本佔絕大部分。

威力強大的創作工具　對開發管理資訊系統（MIS）的程式設計師而言，增進生產力最有效的方法，就是跑去當地的電腦用品店，直接購買現成的產品。這麼做並不可笑，這種輕易就可以立即使用而且威力強大的套裝軟體，已經能夠滿足許多在從前必須量身訂做才能滿足的需要。與其將這些威力強大的創作工具視為龐大複雜的製程工具，還

不如將它們看成電子鑽孔機、鋸子和磨光機，將這些整合到一個相容並可相互連結使用的成套工具組，就可以造就出極大的彈性，就像是Microsoft Works，以及整合得更好的ClarisWorks一樣，彷彿是一家之主的工具箱，裏頭收藏著好用的家用工具，面對許許多多的應用狀況，經常用到的就是那一小組工具，而且用起來非常簡單。這種工具必須強調一般使用者的便利性，而不是只能給專業人員使用。

美國管理系統公司的董事長Ivan Selin在1987年寫給我的信中提到：

> 我對於你的說法有點意見，套裝軟體並沒有如你所說的改變那麼大……我認為你過份草率地根據你的觀察而做出推論，〔套裝軟體〕「或多或少是更通用些，也或多或少比從前更能夠客製化（customizable），但程度上並不會相差太多」。即使是表面上認同了這方面的說法，但我相信使用者所認為的套裝軟體應該不只是要更通用，同時也必須更能夠輕易地訂製出他想要的特性才行，有這種認知，才足以說服使用者心悅誠服地使用套裝軟體。在我公司裏，絕大部分不懂軟體的那些〔最終〕使用者都很排斥使用套裝軟體，因為他們會認為喪失了某些必備的特色和功能。所以，很輕易地客製化對他們來說是一項很大的賣點。

感謝Selin，他講得很對——我過份低估了套裝軟體可以客製化的程度，以及它的重要性。

物件導向程式設計——這顆銅彈行嗎？

用大塊積木來建構　本章一開始的那張圖提醒了我們，假如蒐集一組

積木，每塊積木也許都很複雜，但都設計成具有介面（interface），使積木可以很平順地相互拼接起來，那麼更複雜的結構便能夠很快速地兜起來。

物件導向程式設計所極力主張並視為教條的一個觀念，就是模組化（modularity）與簡潔的介面。第二個觀念所強調的是封裝（encapsulation），也就是你看不到大部分的設計細節，以及每塊積木的內部構造。另一個觀念是強調繼承（inheritance），憑藉著類別（class）之間的階層（hierarchical）結構，以及虛擬函式（virtual function）。還有一個觀念是強調強制抽象資料型別（strong abstract data-typing），以保證某個特定的資料型別只能被適當的操作方法（operation）進行操作。

現在，這些觀念都不需要取得完整的 Smalltalk 或 C++ 的產品就可以獲得支援——這些產品有許多很早就宣稱支援了物件導向技術。物件導向方法的吸引力就像是一顆多種維他命丸：一舉（也就是程式設計師的再訓練）得到了所有的好處。它是個非常大有可為的概念。

為什麼物件導向技術的成長如此緩慢？　自〈沒有銀彈〉發表後的這九年間，這方面的期望是越來越深，但為什麼成長得如此緩慢呢？說法很多。在《*The C++ Report*》擔任了四年的〈The Best of comp. lang.c++〉專欄作家 Jame Coggins 提出了以下解釋：

> 問題出在物件導向的程式設計師所嘗試的，都是在同性質的應用上打轉，所專注的都是很低階的抽象性，而非高階。比如說，他們所創造的都是像鏈結串列（linked-list）或集合（set）這種類別，而不是像使用者介面或輻射波束或有限元素模型這種類別。不幸地，C++ 裏的強制型別檢查（strong type-checking）雖然能

幫助程式設計師避免錯誤，但同樣也使它難以用小東西創造出大東西來。[21]

　　他回歸到軟體的基本問題，並主張對於未能滿足軟體需求的問題，有一個方法是藉由客戶的參與，增加投入這種智能工作的成員，這樣的主張符合由上而下的設計方式（top-down design）：

假如我們把重點放在與客戶工作息息相關的概念上，並以此來設計出細緻程度較大（large-grained）的類別，那麼在軟體成長發育的過程之中，客戶便可以了解並質疑設計，也能夠共同參與測試案例（test case）的設計。我有個客戶是位眼科醫生，他才不關心什麼堆疊（stack），他只關心用來描述眼角膜形狀的雷建德多項方程式（Legendre polynomial）。封裝得小，所得到的好處也小。

David Parnas 有不同的看法，他所寫的論文是物件導向概念的創始之一，他來信說：

答案很簡單，就是因為〔物件導向〕已經跟各種不同的複雜語言混在一起的緣故。應該要教大家其實物件導向是一種設計的類型，並告訴大家設計的原則才對，但是大家所學到的卻是把物件導向視為一種特殊工具的運用。我們是否能寫出好程式或爛程式，跟使用什麼樣的工具並沒有關係，除非我們教大家如何設計，否則這些語言發揮的效用就會很有限，結果就是大家用了這些語言做出了爛設計，於是從這之中得不到什麼好處，假如得到的好處很少，那它就流行不起來。

投資集中在前期，回收集中在後期　我自己的看法，則是認為物件導向技術有一個格外嚴重的現象，這種現象是在做方法上的改良時多半會出現的毛病，也就是前期必須先支付的成本太高了——不但要從根本上重新訓練程式設計師，訓練他用一個全新的方法來進行思考，還得投入額外的功夫，好從已熟悉的函式切換到通用的類別。至於好處，我認為並不會僅僅是個推斷，而是真的會在整個發展過程之中得到回收，但是最大的效益要在後續開發、擴充和維護的工作中才能獲得。Coggins 說：「物件導向技術將不會使第一個專案的開發速度變快，下一個可能也不會，將要到同一類型的第五個專案才會明顯地變快。」[22]

　　根據對未來只是預估而無法確定的收益，先在前頭賭上現錢，這是投資大眾每天做的事，但是，對很多進行程式設計的組織而言，這需要管理上的勇氣，尤其是當市場上的商品遠比技術能力或管理經驗更缺乏的時候。我相信，這種投資集中在前期、回收集中在後期的極端程度是減緩採用物件導向技術的最大單一因素，即使如此，在很多領域方面，C++ 似乎正穩定地取代 C 。

再利用的情形呢？

對付軟體開發本質性工作最棒的方法就是根本不要自己開發。而使用套裝軟體也只是其中一個做法；程式的再利用（reuse）則是另一條路。事實上，透過繼承，輕易地就能夠客製化的特性，使類別得到了很容易再利用的保證，這正是物件導向技術最強烈的吸引力之一。

　　事情常常都是這樣，當一個人使用了一個新的方法來做事，進而累積了一些經驗之後，就會發現新的做事方法並不像它剛開始的時候

那樣簡單。

　　當然，程式設計師常常都會再利用他們自己之前的工作成果，Jones 說：

　　大部分有經驗的程式設計師都會擁有屬於自己個人的程式庫，這使得他們在進行軟體開發的時候，大約有 30% 是透過再利用的程式碼所寫出來的。團體層級的可再用性（reusability）鎖定的目標則是 75% ，並且需要特別的程式庫與管理上的支援。團體層級的可再利用程式碼也意味著專案管制和量測實務上的改變，以保證對可再用性的信心。[23]

　　W. Huang 提出了一個組織軟體工廠的方法，對功能性的專業人員進行矩陣式管理（matrix management），以便於駕馭每個人都傾向於利用他自己程式碼的天性。[24]

　　JPL 的 Van Snyder 向我指出，就再利用軟體而言，數學軟體這個圈子已經有一段很久遠的傳統：

　　我們推測，軟體再利用的障礙並不在寫的一方，而是在用的一方。假如軟體工程師，也就是一位標準軟體組件的潛在使用者，當他認知到去找到一個能夠滿足他需要的組件，其代價比重新寫一個還要高時，那麼可以確定，重複性的組件就會被做出來。注意，我們上面所說的是「認知」，換句話說，這跟實際上重新製作的真正成本並沒有什麼關係。

　　軟體再利用之所以能夠成功地運用在數學軟體，有兩個原因：（1）它很難懂，每一行程式都需要傷很多腦筋去想才寫得出來；（2）有一套豐富而標準的數學專業術語可以用來描述每一個組件

的功能。所以,重新製作一個數學軟體組件的成本是相當高的,而要從現成的組件中找到某個功能的成本則相當低。專業期刊都會發表並蒐集演算法,以合理的成本提供給大家,若是做為商業用途,則提供更高品質的演算法,成本會稍微高些,但仍然很合理。這樣的老傳統相對於許多其他領域而言,要找到你所需要的組件是容易多了,其他領域有時可能無法很精確扼要地界定出一個人的需要。這些因素共同造就出數學軟體再利用的吸引力,而非再重新創造。

相同的道理其實也可以在一些領域中發現,像是為核子反應器、氣候模型和海洋模型所寫的程式,都是相同的原因,這些領域的發展都有相同的教科書和標準的註記方法。

團體層級的可再用性現況如何? 這方面的研究相當多,但相對上美國的實例較少,國外倒是出現了更多可再用性的有趣報告。[25]

Jones 報告說在他公司的所有客戶中,擁有超過 5,000 個程式設計師的客戶都對軟體的再利用有進行正式的研究,但是擁有低於 500 個程式設計師的客戶則不到百分之十有這麼做。[26] 他說,擁有再利用最大潛力的業界,可再用性的研究(非部署)「是主動而積極的,即使還沒有完全成功」。**Ed Yourdon** 說,馬尼拉有一家軟體公司,在它所擁有的 200 個程式設計師中,其中有 50 位是專門在開發能讓他人使用的可再用模組,「我已經見識過少數的案例——接不接受是看組織上的因素,例如酬償結構(reward structure),而非技術上的因素。」

DeMarco 告訴我說,大眾市場所供應的套裝軟體隨時可用,像資料庫系統這類屬於通用性功能的產品也都很合用,若說要再利用某個

人所寫的應用程式模組，急迫性已沒那麼高，邊際效用（marginal utility）也已降低很多。「無論如何，可再用模組都傾向是屬於通用性的功能。」

Parnas 寫道：

再利用是說來容易，做起來難。想要做成功，不但要有好的設計，也要有非常好的文件。好的設計依舊是非常罕見，就算有，沒有搭配好的文件，組件就無法再利用。

對於要預料有哪些通用的概念是必要的，Ken Brooks 對這方面的困難做了註解：「即使在第五次使用我自己的使用者介面程式庫的時候，我還是必須不斷地修改某些東西。」

真正的再利用似乎才正要開始，Jones 報告說在自由市場上有少數可再用的程式模組，其價格是一般開發成本的百分之一到百分之二十之間。[27] DeMarco 說：

我對整個再利用的跡象感到非常氣餒。有關再利用的理論目前非常缺乏，時間已經證實了若要讓東西能夠再利用的話，那將是個很大的花費。

Yourdon 對這個很大的花費進行了估計：「有一個不錯的經驗法則，就是可再用組件的花費將兩倍於『只用一次』的組件。」[28] 我則預料這種花費恰好等於把組件加以產品化的花費，也就是在第 1 章所討論的。所以，對於這種花費的比率，我的估計是三倍。

很顯然地，關於軟體的再利用，我們見識了許多的形式和種類，但就現階段而言，離我們所期望的還很遠，我們要學的其實還很多。

學習大量字彙──軟體再利用的一個可預測但未預測的問題

我們思考的層級越高，必須處理的基本思考要素就越多，所以，程式語言總是比機器語言要複雜得多，而自然語言又更複雜。越高階的語言使用越多的字彙、越複雜的語法（syntax），以及越豐富的語意（semantic）。

做為一門學科，我們並沒有就程式再利用的實際情況，仔細去探索其隱含的意義。為了改進品質與生產力，我們想用組合積木的方式來建構程式，這些積木事先都已完成除錯，而且比用程式語言所寫的一行行程式更為高階，因此，無論是使用類別程式庫或程序程式庫，都得面對一個事實，就是我們已經在根本上增加了寫程式時所用的字彙。對再利用而言，字彙的學習形成了一個不算小的智能障礙。

所以，今天我們會看到一個包含了 3,000 多個類別的類別程式庫，很多物件都必須指定 10 到 20 個參數和選項變數。任何人要使用這樣的程式庫，如果想要將再利用的潛力全部充分發揮出來的話，就得學習這些類別的語法（也就是外部介面）和語意（也就是功能上的運作細節）。

這樣的工作並非辦不到，本地人日常講話所使用的字彙就超過10,000 字，受過教育的人則更多，我們以某種方式學習語法和非常微妙的語意，我們能夠正確區分出龐大、巨大、廣大、非常大、恐龍般大，正確到我們不會說出恐龍般大的沙漠或是廣大的大象。

對於人們是如何克服大量學習而學會語言的，我們需要進行研究並引用到解決軟體再利用的問題上。一些顯而易見的現象很值得我們參考：

- 人們會靠著句子的前後關聯性來學習，所以我們應該提供許多組合結果的例子，而不是只有組件的程式庫。
- 人們只會去記單字怎麼拼，語法和語意則是在使用的時候，靠著上下文一點一點學起來的。
- 人們是靠語法的種類來歸類出字彙組成的規則，而不是靠物件彼此相容與否。

捕捉銀彈的網──形勢沒有改變

所以我們回到了根本，我們所處的正是個充滿複雜的行業，限制我們的也是複雜。以下是摘自 R. L. Glass 於 1988 年所寫的文章，裏面已非常精確地道出了我在1995 年的看法：

> 所以，緬懷過往，我們從 Parnas 和 Brooks 所講的話中得到了什麼呢？軟體開發這種工作難就難在概念性，神奇的解法並不會憑空掉下來。身為軟體從業人員，與其在那裏空等（或是空想）一次革命性的改變，還不如把握現在，探究按部就班的改善方式。
>
> 有些軟體界的人認為這些話所呈現的是一個蠻令人洩氣的景象，因為他們仍在妄想不久的將來會找到捷徑。
>
> 但我們之中還有一些人──一些固執到想要當個務實的人──將這些話視為一股新氣象。最後，與其在空中畫個大餅，我們可以把焦點放在某些更為可行的事物上，以目前的情形，我們或許還有可能讓軟體的生產力以一種穩定漸進的方式持續成長，寧可如此，我們也不要守株待兔。[29]

18

《人月神話》的主張：是真是假？
Propositions of
The Mythical Man-Month:
True or False?

18
《人月神話》的主張：
是真是假？
Propositions of
The Mythical Man-Month:
True or False?

不管別人懂不懂我們的意思，

簡單扼要都非常好。

巴特勒，《Hudibras》

For brevity is very good,

Where we are, or are not understood.

SAMUEL BUTLER, Hudibras

Brooks 正在提出預言，1967 年

J. Alex Langley 攝影，《財星雜誌》（*Fortune Magazine*）

［譯註］

巴特勒（Samuel Butler, 1612 ～ 1680），英國詩人，《*Hudibras*》是他
所寫的諷刺詩。

跟 1975 年相較之下，今天我們對於軟體工程應該已經有了更多
　的瞭解了，是不是有什麼數據或經驗，能夠驗證這本書在
1975 年初版時所做的論斷呢？或證明某些當年的說法是錯誤的？亦
或是有些已隨著時代的演進而不再適用？為了幫助你分辨，在此對本
書 1975 年的初版版本做了一個摘要整理——我認為當年的論斷至今
都仍然適用：有些是事實，有些則是根據實際上的經驗歸納而得——
完全不必更改初版的原意。（也許你會問：「如果這些就是初版裏要
說的東西，那為何當初要花 177 頁的篇幅來說明呢？」）大括號內的
註解是全新的部分。

　　絕大部分的論斷都經得起考驗，我把它們赤裸裸地呈現出來，以
刺激讀者們的思考、判斷與批評。

第 1 章　焦油坑

1.1　跟只為私人使用而單獨寫出來的組件程式（program）相比，
　　　做出軟體系統產品（programming systems product）所要付出
　　　的代價將是九倍以上。我估計產品化（productizing）的代價是
　　　三倍，而若要對組件從事設計、整合、測試，進而凝聚成為一
　　　個系統，則代價也是三倍，而且這兩方面的成本計算基本上是
　　　獨立的。

1.2　由於「滿足了我們潛藏於內心創造事物的渴望，並且激發了我
　　　們每個人原本就擁有的快樂感受」，寫程式有五種樂趣：

　　　● 創造的樂趣。

　　　● 創造出來的東西對別人很實用。

　　　● 打造精巧機制時，那種類似推理、解謎的過程，令人迷戀。

- 持續學習的樂趣，做的永遠是不一樣的東西。
- 能在如此易於操控的介質（tractable medium）上工作的快樂 —— 純粹動動腦筋就可以做事 —— 雖然創作詩詞也是這樣，但無法像寫程式這般可以擁有具體、動態感受的工作方式。

1.3　同樣地，寫程式也有它特有的苦難。

- 學習軟體工程最困難的部分就是要調適自己習於追求完美。
- 由別人來設定目標，必須依賴無法由自己支配的事物（特別是別人的程式）來做事；權力與責任不相稱。
- 實務上看起來更糟的是：你得先把工作做成功，才會得到越多實質上的權力。
- 任何創意活動的背後都免不了附帶枯燥、耗時的辛勤工作，寫程式也不例外。
- 軟體專案是越到後期，進展越慢，但你卻是越到後期，就越希望它進展得快些。
- 你的產品總是面臨還沒完成就已經落伍的威脅，但除非真有實際上的用途，否則想像中的真老虎絕對敵不過現成的紙老虎。

第 2 章　人月神話

2.1　軟體專案進行不順利的原因或許很多，但絕大部分都是肇因於缺乏良好的時程規劃所致。

2.2　好菜都得多花些時間準備，某些工作是欲速則不達，越急，只會把結果弄得更糟。

2.3　所有的程式設計師都是樂觀的傢伙：「一切都會進行得很順

利。」

2.4　由於程式設計師在創作的時候，用的都是純粹思維的材料，使我們誤以為在實作階段應該不會有什麼困難才對。

2.5　但是，我們的構想是不可能十全十美的，所以我們就是會有臭蟲（bug）。

2.6　以成本會計（cost accounting）為基礎的時程預估技術，使我們誤把工作量和專案進度混為一談，人月是個危險並很容易就遭到誤解的迷思（myth），因為它假設人力和工時可以互換。

2.7　把工作切分給更多人做將造成額外的溝通（communication）代價——訓練和相互的交流（intercommunication）。

2.8　關於時程預估，我的經驗法則是 1/3 規劃、1/6 寫程式、1/4 組件測試、1/4 系統測試。

2.9　就學理來說，我們缺乏可供估計之用的資料。

2.10　由於我們對自己所做的預估都無法篤定，所以在面對管理上或顧客的壓力時，我們通常都缺乏堅持的勇氣。

2.11　Brooks 定律：在一個時程已經落後的軟體專案中增加人手，只會讓它更加落後。

2.12　欲增加軟體專案的人手，總共必須付出的代價可分為三方面：工作重新切分本身所造成的混亂與額外工作量、新進人員的訓練、新增加的相互交流。

第 3 章　外科手術團隊

3.1　在接受相同的訓練、同樣都是兩年資歷的情況下，優秀專業程式設計師的生產力要比差勁的程式設計師好上十倍。（Sackman、

Grant 和 Erickson）

3.2　Sackman 、 Grant 和 Erickson 所提供的資料上顯示，經驗和表現好壞之間並沒有任何關聯，我懷疑是不是普遍都是這樣。

3.3　短小精悍團隊是最棒的——盡可能用最少的人。

3.4　兩人團隊，其中一人當領導者，這通常是最佳的用人方式。〔留意一下上帝對婚姻的設計。〕

3.5　以短小精悍團隊開發真正大的系統就太慢了。

3.6　絕大多數大型軟體系統的經驗顯示，使用一堆人蠻幹的方式最耗成本、最慢、最沒有效率，做出來的系統在概念上也最不完整。

3.7　以一位首席程式設計師為主、類似於外科手術團隊的組織提供了一個良方，既可因少數人的決策而兼顧到產品的整體性，又可因多數人的合作與大幅減少溝通而得到全部人的生產力。

第 4 章　專制、民主與系統設計

4.1　「在系統設計時，保有概念整體性（conceptual integrity）是最重要的原則。」

4.2　「功能概念複雜度比才是系統設計的最終測試標準。」功能多，不見得是好事。〔這個比值是為了量測使用便利性，對簡單和困難的運用都很有效。〕

4.3　要達成概念整體性，設計必須出自於一個人的想法，或是極少數人的一致決定。

4.4　「對大型專案來說，將架構設計獨立於實作之外是取得概念整體性強而有力的方法。」〔小專案也一樣。〕

4.5　「如果系統必須保有概念上的整體性，那麼就必須有人來控制這些概念，這就是需要專制的原因，無庸置疑。」

4.6　約束對藝術而言是件好事，制定出架構的外部規格，事實上反而會增進實作小組的創意風格，而非貶損。

4.7　一個強調概念整體性的系統不但開發得更快，測試也快。

4.8　許多軟體架構、實作、實現的工作都是可以同時進行的。〔不論硬體或軟體設計，都可以同時進行。〕

第 5 章　第二系統效應

5.1　越早進行持續性的溝通，可以使架構設計師具有良好的成本概念，而實作人員也會對設計較有信心，不會模糊了個自的責任分工。

5.2　架構設計師若要成功影響實作方式，就必須：

- 記住實作人員有發揮創意完成實作的責任，所以架構設計師只能建議。

- 在建議時，永遠只提出一個能夠符合規格的實作方式，同時也接受其他能夠達到目標的方案。

- 默默地，私底下提出建議。

- 準備為提出的建議付出喪失信任的代價。

- 傾聽實作人員所提出來的修改架構建議。

5.3　就一個人所做過的設計而言，第二個系統是最危險的系統，一般來說，都傾向於過度設計。

5.4　OS/360 可稱得上是一個最佳的第二系統效應範例。〔Windows NT 則似乎是 1990 年代的範例。〕

5.5　一個很值得遵循的規範就是為每一項功能賦予耗用多少記憶
　　　體、耗用多少時間的一個先驗（priori）值。

第 6 章　意念的傳達

6.1　即使是很大的設計團隊，最後的結果也必須由一或兩個人主筆·
　　　把它寫下來，使細節的決定（mini-decision）獲得一致。

6.2　架構上，哪些有規範，哪些並未規範，都一樣要仔細定義清
　　　楚，這是在撰寫手冊時很重要的一件事。

6.3　為了精確，我們需要正式定義（formal definition），為了易
　　　懂，我們也需要散文式定義（prose definition）。

6.4　正式定義和散文式定義之中一定有一個要當作標準，而另一個
　　　則是根據此標準改寫而來，隨便以哪一個為主或為輔都可以。

6.5　一項實作成果也可以用來做為架構定義，包括採用模擬
　　　（simulation）的方式，但這麼做也會造成一些難以對付的缺
　　　點。

6.6　在軟體中，想要強化架構上的標準，將定義直接融入（direct
　　　incorporation）到實作之中是非常靈活的技巧。〔在硬體方面
　　　也是如此——想想麥金塔把 WIMP 介面放在唯讀記憶體的做
　　　法。〕

6.7　「如果一開始就至少開發兩個以上的實作產品，將有助於維持
　　　〔架構〕定義的純淨與嚴謹。」

6.8　為了回應實作人員的問題，允許架構設計師以電話解說是非常
　　　重要的，更不用說把它記錄下來並公開讓大家知曉。〔現在，
　　　可以選擇電子郵件。〕

6.9　「專案經理最好的朋友，就是每天都跟他唱反調的、獨立的產品測試小組。」

第 7 章　巴別塔為什麼失敗？

7.1　巴別塔的失敗肇因於缺乏溝通（communication）以及隨之而來的組織（organization）。

溝通

7.2　「時程落後、功能誤解、系統錯誤的孳生都一樣是源自於左手不知道右手在幹什麼。」也就是各小組在某些假設下各行其是。

7.3　每個小組應盡可能地運用所有的方法來相互溝通，包括：非正式方法、例行專案會議中的技術簡報，以及透過分享正式的專案工作手冊（workbook）。〔還有電子郵件。〕

專案工作手冊

7.4　「與其將工作手冊視為獨立的個別文件，不如說它是一份其他文件的組織結構，而這個結構規範了在專案進行過程中即將產出的文件。」

7.5　「所有在專案中所使用到的文件都應該是屬於這個〔工作手冊〕組織結構中的一部分。」

7.6　工作手冊的結構必須盡早而小心地設計。

7.7　從一開始就為即將陸續擴充的文件訂出適當的結構，使「之後加入的文件片段都會有所依據地放在適當的位置上」，這將有助於改善產品手冊的品質。

7.8　「每一位團隊成員都應該看到〔工作手冊〕全部的文件內容。」〔現在我改口了，每一位團隊成員都應該可以看到全部的文件內容，也就是說，全球廣域網路（World-Wide Web）的網頁應該就可以滿足需要。〕

7.9　關鍵就在於如何持續地更新內容。

7.10　使用者必須特別注意自他上次閱讀之後所更動的部分與重點。

7.11　OS/360 專案工作手冊一開始是紙本，後來改用微縮膠片。

7.12　在今天〔甚至在 1975 年〕，藉由共享電子手冊應該是更棒、更便宜、更簡單而又能達到所有目標的方式。

7.13　你仍然必須用變動棒（change bar）〔或具備同等效果的方法〕來標註變動的部分與改版日期。你也仍然需要電子改版摘要（change summary），並且按照日期越近則位置越前的順序排列。

7.14　Parnas 強烈主張，所有人都要看完所有東西的目標真是大錯特錯，有部分應該被封裝（encapsulated）起來才對，不是屬於你的東西，就不必也不被允許去看裏頭的細節，你只應該看到介面。

7.15　Parnas 提出的方法是絕招。〔我已經完全改變了我的想法，並轉而認同 Parnas 的理念。〕

組織

7.16　組織的目的便在於減少溝通介面和協調的需要量。

7.17　組織透過人力配置（division of labor）和專業分工（specialization of function）來減少溝通量。

7.18　傳統樹狀組織反映出權力（authority）的結構，這是源自於任

何人都不能同時聽命於兩個老闆的原則下所造成的。

7.19　組織內的**溝通**結構是網狀的，不是樹狀的，因此，各種特別機構（組織圖中的「虛線」部分）的設立都是用來克服樹狀結構組織溝通不足的問題。

7.20　每個子專案（subproject）都必須具備兩種領導角色，也就是*管理者*（producer）、*技術總監*（technical director）或架構設計師，這兩種角色的職掌有很大的不同，需要的天分也不同。

7.21　這兩種角色的三種搭配方式都很有效：

● 由管理者兼任技術總監。

● 管理者是老闆，技術總監是副手。

● 技術總監是老闆，管理者是副手。

第 8 章　預估

8.1　簡單估計出寫程式的時間，再根據寫程式佔總開發時程的比例來外推（extrapolate），這麼做無法精確估計出軟體專案將耗費的時間與精力。

8.2　開發小系統的數據不能套用在軟體系統專案上。

8.3　寫程式的費力程度跟程式的大小之間是呈指數倍數的關係。

8.4　某些發表出來的研究顯示，指數值大約是 1.5 。〔*這個值跟 Boehm 得到的結果大不相同，但他的數據仍然是在 1.05 至 1.2 之間變化。*〕[1]

8.5　Portman 在國際電腦有限公司的數據顯示，全職的程式設計師一天大概只有 50% 是真正在寫程式或是除錯，剩下的時間都花在其他瑣事上。

8.6　Aron 在 IBM 公司的數據顯示，隨著各個系統之間溝通量的多寡，生產力的變化將從 1,500 到 10,000 指令 / 人年不等。

8.7　Harr 在貝爾電話實驗室的數據顯示，作業系統這類程式的生產力大約是 600 字 / 人年，編譯器這類程式的生產力大約是 2,200 字 / 人年。

8.8　Brooks 在 OS/360 上的數據與 Harr 的數據相吻合：作業系統這類程式是 600 ～ 800 指令 / 人年，編譯器這類程式是 2,000 ～ 3,000 指令 / 人年。

8.9　Corbató 在麻省理工學院 Multics 專案的數據顯示，介於作業系統與編譯器之間的混合型程式，其生產力是 1,200 行 / 人年，但這是指 PL/I 的程式，以上其他數據指的都是組合語言的程式！

8.10　生產力若論行來算，似乎是個固定的值。

8.11　如果採用了合適的高階語言，軟體開發的生產力也許可以提升到五倍。

第 9 章　地盡其利，物盡其用

9.1　撇開執行速度的考量，程式執行時所耗用的記憶體空間基本上是要付出代價的，尤其是必須常駐在記憶體裏的作業系統。

9.2　錢要花在刀口上，每一分錢都必須發揮它的效用，程式耗費記憶體並沒有錯，但是不必要的浪費就不好了。

9.3　跟硬體開發人員為元件所做的規劃一樣，軟體開發人員必須設定空間大小的目標，進而控制程式大小，發展節省空間的技術。

9.4　做好空間規劃不但要考量常駐空間，背後跟這些有連帶關係的磁碟存取動作也應該一併納入考量。

9.5　模組的大小跟賦予它的功能息息相關，要規定某個模組的大小之前，你得先精確定義出這個模組該做的事。

9.6　在大型專案中，每個小組傾向於為了自己的目標，只追求局部上的最佳化，而不會思考呈現給客戶的整體效果，這種惡質文化是大型計畫裏的主要風險。

9.7　在整個實作過程中，系統架構設計師必須持續對系統的整體性保持警覺。

9.8　鼓吹系統的整體觀與使用者導向的態度也許是軟體管理者最重要的職責。

9.9　一個開發早期就會遇到的策略性問題，就是給使用者的選項到底要細分到什麼程度，因為把功能成套放在一起的話，記憶體空間會比較省〔行銷成本往往也會比較省〕。

9.10　暫存區域（transient area）的大小關係到每次磁碟存取程式的總量，越小，效能降低的幅度就越大，所以這個大小的決定至關重要。〔這整個概念已經落伍了，一是因為虛擬記憶體（virtual memory）的發明，二是記憶體已經相當便宜，現在的使用者都是購買充足的記憶體，把主要應用的程式碼統統裝進去。〕

9.11　要在空間和時間的取捨上做出良好的決定，開發團隊就必須在程式設計的技術上受過訓練，尤其在面對一個新語言或新型機器的時候。

9.12　寫程式有它專業的技術，每個專案都必須具備標準組件的程式庫。

9.13　程式庫裏的每一個組件都應該包含兩套程式碼，一套是執行速度最快的，一套是使用空間最少的。〔這目前似乎已不再適用。〕

9.14　又小、又快、又好的程式幾乎源自於**策略上的突破**，而非技術上的取巧。

9.15　策略突破往往是一種新演算法（algorithm）的發明。

9.16　更常發生的策略突破是來自於重新思考資料結構，資料的呈現方式是程式設計的本質（Representation is the essence of programming）。

第 10 章　文件假說

10.1　「假說：在成堆的書面資料中，有一小部分關鍵性文件記錄著任何專案管理的核心工作，而這些文件是身為管理者最重要的工具。」

10.2　對電腦開發專案來說，關鍵文件就是目標、規格、時程、預算、組織編制圖、場地配置，以及機器本身的預估、預測與定價。

10.3　對大學系所來說，關鍵文件也很類似：目標、課程說明、學位要求、研究提案、課程與教學計畫、預算、場地配置、師資與研究生的配置。

10.4　對軟體專案來說，需要的文件也一樣：目標、操作手冊、內部性能描述、時程、預算、場地配置、組織編制圖。

10.5　因此，不論多小的專案，從一開始，管理者就應該建立像這樣的一組文件。

10.6　準備這一小部分文件是為了讓思考集中，並且使討論言之有物。把「寫」這個動作確實做出來，才能導引出更多細節的決定（mini-decision），那正是從模糊不清之中理出清晰而明確政策的具體方法。

10.7　維護這類關鍵性的文件相當於提供了一個監督和預警的機制。

10.8　這類文件本身就可以用來當作一份檢查列表或資料庫。

10.9　專案管理者的基本工作就是要保持組織裏每一個人都朝同一個方向前進。

10.10　專案管理者每天的主要工作就是溝通，而非做決定。文件有助於將規劃和決策的結果傳達給整個團隊。

10.11　技術專案管理者只有一小部分——也許是 20%——的時間是花在從外界獲取他所需要的資訊。

10.12　因此，號稱能有效支援管理者的「全面管理資訊系統」，其概念在基本上並不符合管理的行為模式。

第 11 章　失敗為成功之母

11.1　化學工程師從過去的經驗裏得知，一個在實驗室裏順利完成的化學反應，要真正拿到工廠裏量產並不是一蹴可幾的事，過程中得有個先導試驗工廠（pilot plant）才行，先在條件不如實驗室理想的環境中獲取經驗之後，再擴大規模（scaling up）。

11.2　對軟體產品來說，這個中間步驟同樣需要，但軟體工程師還沒有習慣在把真正的產品交付出去之前先試做一個系統。〔這現在已經是很普遍的做法，也就是所謂的 beta 版，另外，我也同樣重視 alpha 版，也就是功能有限的原型（prototype），這兩者

是不同的。〕

11.3　在大部分的專案中，第一次出爐的系統絕少是有用的，也許執行速度很慢、太佔記憶體空間、很難操作，或以上皆是。

11.4　這種丟掉和重做的過程也許可以一次全部搞定，也有可能是一小部分、一小部分地丟掉重做，但總有一天會做成功。

11.5　把一定會丟掉的東西交給顧客可以爭取到更多時間，但這麼做換來的代價則是顧客的抓狂，開發人員重新設計的時候會被擾亂，就算是使盡全力重新設計，顧客也將抱持懷疑的負面評價，你很難一雪前恥。

11.6　所以，無論如何，把必然的一次失敗納入正式計畫之中。

11.7　「與其說，你交給使用者的是個實體的產品，不如說，你是在滿足他的需要。」（Cosgrove）

11.8　不論是實際上的需要，或是使用者對於這些需要的認知，都會在軟體開發、測試和使用的過程中發生改變。

11.9　軟體產品的隱匿性（invisibility）和易操控性（tractability），使得開發人員（特別）必須面臨需求上無窮無盡的改變。

11.10　一些目標上（以及發展策略上）的改變是免不了的，你最好不要有鴕鳥心態，並且有接受改變的準備。

11.11　如何設計一個系統，好讓它利於改變，這方面的方法也許是說的多而做的少，特別像是結構化程式設計，加上仔細的模組介面文件，而盡可能使用表格驅動技術（table-driven）也會很有幫助。〔以現代充足而低廉的記憶體而言，這類技術是越來越棒。〕

11.12　運用高階語言和自我說明技術（self-documenting），並透過編譯時期的操作將標準宣告融入程式的做法，可以減少因改變而

造成的錯誤。

11.13　把改變予以量化，使產品具備編號明確的版本。〔現在，這是
很標準的做法。〕

使組織利於改變

11.14　程式設計師不願意寫設計文件的原因不僅僅是由於懶惰或時程
太趕，而是因為他心裏明白有些設計決策是暫時性的，所以他
不願意把它寫出來，然後還要為這些文件解釋老半天。
（Cosgrove）

11.15　要形成一個利於改變的組織，要比設計一個利於改變的系統還
要難。

11.16　身為老闆必須非常留意，只要他底下的管理和技術人員能力許
可的話，就應該保持這兩種不同角色的職位互換。

11.17　由於有效的雙梯式（dual ladder）組織基本上是和一般的社會
文化相違背的，所以必須持續留意以剷除這些文化上的障礙。

11.18　在雙梯式組織中，很容易就可以為同等位階的職位設置同等的
薪資結構，但仍需要能夠彰顯兩者具同等地位的正面積極做
法：同樣大的辦公室、同樣的行政支援、補償文化差異的管理
作為。

11.19　整個外科手術團隊的概念正可用來對付這類問題，要創造一個
富於彈性的組織，這真的是個長遠的做法。

進兩步，退一步——軟體維護

11.20　軟體維護基本上與硬體維護截然不同，主要包括修正設計錯
誤、增加新功能、因應環境或組態的變化而調整。

11.21　要維護一個廣為使用的軟體，起碼必須付出相當於開發成本

40% 的代價，甚至更高。

11.22　軟體的使用者越多，維護成本就越高，因為使用者越多，所發現到的錯誤也就越多。

11.23　對於產品生命週期中每個月所發現到的錯誤數量，Campbell 提出了一個具先降後升趨勢的有趣曲線。

11.24　因修正錯誤而導致其他錯誤的可能性相當大（約 20 ～ 50%）。

11.25　每修正一個錯誤之後，都應該將之前所有的測試案例（test case）統統拿來進行迴歸測試（regression test），以確保修正錯誤的過程中沒有破壞到原有的正常功能。

11.26　如果能夠在設計軟體的時候善用一些方法，以減少或至少留下文件說明那些變動將造成某些副作用，對於節省軟體維護的成本將有很大的助益。

11.27　實作時，用較少的人、較少的介面，錯誤也會比較少。

進一步，退一步 —— 系統紊亂程度的增加

11.28　Lehman 和 Belady 發現在大型作業系統（OS/360）中，模組的總數是隨著版本編號呈線性遞增，但是模組之間彼此牽連的程度卻是隨著版本編號呈指數遞增。

11.29　任何修改的動作都有破壞原有軟體結構的傾向，並且會增加系統的紊亂程度（entropy），即使有很好的軟體維護技巧，頂多也只能減緩這種趨勢，軟體終究會走到再也無法修改的那一天，到時候就需要重新設計了。〔有許多升級軟體的實際需要，像是效能，特別是針對內部結構上的一些承載量。原設計承載量的不足常常都是到了之後才浮現出來的。〕

第 12 章　神兵利器

12.1　身為專案經理，必須建立起一套運作哲學，一方面不但要配置資源以建立共用工具，同時也必須認知到特殊化工具的需要。

12.2　作業系統的開發團隊需要配備屬於他們自己除錯專用的目標機器（target machine），不需要最快的機器，倒是盡可能擁有容量最多的記憶體。另外，還需要一位系統程式設計師，來負責將這些機器的標準支援軟體維持在最新而且可用的狀態。

12.3　除錯用的機器或軟體也有配備的必要，這樣，程式裏的各種參數在進行除錯的時候便能夠自動計算與量測。

12.4　目標機器的使用時間需求量可以畫出一條特殊的成長曲線，一開始維持在低使用率，隨後突然暴增，然後維持在高使用率。

12.5　系統除錯通常像觀察天文一樣是個夜晚工作。

12.6　將目標機器的上機時間以較長的時間區段來分配給各個小組，遠比理論上由各小組交錯使用的方法要好，這已證實是最佳的排班方式。

12.7　雖然技術一直在變，但對數量有限的機器而言，我所偏好的這種長時間區段的排班方式已歷 20 年而不衰〔自 1975 年算起〕，因為它非常有生產力。〔到 1995 年的今天還是這樣。〕

12.8　如果目標機器是新機種，我們便需要為它準備一台邏輯模擬器（logical simulator），即使是在目標機器已經備妥的情況之下。盡早使用，它將成為可靠的除錯工具。

12.9　主要的程式庫應分為（1）一組局部自由區域（playpen），供個人使用；（2）系統整合子程式庫（system integration sublibrary），供隨時進行系統測試之用；（3）正式交付的版

本，使正式區隔（formal separation）與演進（progression）得以控制。

12.10 在所有的工具當中，最能節省大量人力的也許就是文書編輯系統。

12.11 長篇大論的系統說明文件確實會造成不易理解的新問題〔請參考 Unix 這個例子〕，但把軟體系統的特性詳細寫成文件的做法，也總比造成嚴重的遺漏要好。

12.12 建立一套效能模擬器（performance simulator），由外而內，由上而下，盡早讓它開始運作，並留意它反映出來的任何異狀。

高階語言

12.13 會拒絕廣泛採用高階語言（high-level language）和交談式程式編寫（interactive programming）的因素只有惰性和懶散。

12.14 採用高階語言不只可以提高生產力，還可以提高除錯速度，錯誤會比較少，也比較容易找到錯誤。

12.15 功能上的問題、目的碼太大、目的碼太慢，這些傳統上的反對理由，已因語言和編譯器的技術進展而不再成立。

12.16 在今天，PL/I 是編寫軟體程式唯一的合理選擇。〔這已不是事實。〕

交談式程式編寫

12.17 交談式系統並不會取代在許多其他應用方面所適用的整批系統。〔這仍然是對的。〕

12.18 除錯是編寫程式過程中最難也最耗時的部分，而漫長的回覆時間又是除錯過程中最要命的部分。

12.19 有限的資料顯示，以交談式工具來編寫軟體程式，至少會得到

兩倍生產力的效果。

第 13 章 化整為零

13.1 如第4、5、6章所述，在架構上得付出勤勉、辛苦的代價，這不但使軟體易於使用，也使它易於開發，並減少發生系統錯誤的可能性。

13.2 Vyssotsky 說：「有太多太多的失敗都源自於自始至終都搞不清楚要做的是什麼東西。」

13.3 早在進入程式編寫階段之前，規格文件就應該先由其他獨立的測試小組進行審查，以確保規格的完整和明確，開發人員本身則不適合做這樣的工作。（Vyssotsky）

13.4 「Wirth 的由上而下設計方式（top-down design）〔透過持續細分精製的步驟〕是這十年間〔1965 至 1975 年〕最重要的一個新的軟體開發形式。」

13.5 Wirth 提倡每個步驟都應該盡可能運用高階（high-level）的表示方式。

13.6 一個良好的由上而下設計方式可以在四個方面避免掉許多錯誤。

13.7 有時，你必須再回到較高的層次重頭再來。

13.8 所謂結構化程式設計，就是在設計程式的時候，控制結構只包含一組特定的程式碼控制區段（與各式各樣的分支結構相比），就避免錯誤而言，這是個正確的做法，也是正確的思考方向。

13.9 Gold 提出了一些實驗結果，他說採用交談式除錯之後，每次

上機進行的第一回合除錯所得到的進展是之後幾個回合的三倍，所以在上機前仍然需要小心規劃除錯程序。〔到了 1995 年，我依然這麼認為。〕

13.10 我發現每次為了兩個小時的上機，得先在辦公桌前花兩個小時來準備，這樣可使終端機系統得到適當的利用〔能在交談式除錯過程中做出快速的反應〕。其中一小時是用來處理前一次上機的結果和記錄文件，另一小時則是用來規劃修改，並為下次的出擊設計測試方法。

13.11 系統除錯（與組件除錯相比）所耗費的時間將超乎你的預期。

13.12 系統除錯的困難，也證明了有必要準備一套條理分明、規劃良好的測試方案。

13.13 你得等小片段大致可以正常運作之後，才開始進行系統除錯（不要用嘗試整合的方法，認為這樣就可以找出介面錯誤；也不要在所有的錯誤都被發現但未解決之前就開始進行系統除錯。）〔這對開發團隊來說尤其正確。〕

13.14 建立大量的除錯鷹架和測試碼是值得的，這部分程式碼的份量可能相當於產品全部的百分之五十。

13.15 你必須對改變和版本加以控制和記錄，團隊成員必須在局部自由區域的版本（playpen copy）中工作。

13.16 系統除錯時，一次只整合一個組件。

13.17 Lehman 和 Belady 提出了證據來說明每次改版的份量與時機（quanta），要不就是很多，並累積到一段時間再做，要不就是非常少而頻繁，而後者是傾向於較不穩定的。〔微軟公司開發團隊的做法就是少而頻繁，持續成長發育中的系統每天晚上都要重新編譯。〕

第 14 章 醸成大災難

14.1 「為什麼專案會落後一年？……因為每次落後一天。」

14.2 每天一點點的延誤讓人無關痛癢，很難預防，也很難挽救。

14.3 要在時程緊迫的情況下掌控整個大專案，首先要有時程，其內容係由許多里程碑和日期所組成。

14.4 里程碑必須是具體、明確、可量測的事件，有沒有達成應該是一翻兩瞪眼的事，絕不模稜兩可。

14.5 如果里程碑訂得夠明確，明確到讓人無法自己騙自己，就比較不會發生朦混進度的情形。

14.6 針對政府承包商的大型開發專案在時程預估方面的研究，顯示出對一項工作而言，其時程在開始動工之前會每兩週小心地重新修訂一次，但接近動工日時，就不會再有大幅的變動；高估的時程會穩定地消失；低估的時程則要到時程僅剩下三個禮拜的時候才會再修訂。

14.7 持續長期的時程落後是士氣的殺手。〔微軟公司的 Jim McCarthy 說：「如果你沒有趕上一個截止日，那肯定下一個截止日你也趕不上。」[2]〕

14.8 就像優秀的球隊一樣，幹勁（hustle）是優秀軟體開發團隊的特質。

14.9 想要分辨出哪些延誤才是真正該關心的，要徑時程表（critical-path schedule）是無可取代的工具。

14.10 使用這個技術最有價值的部分就是準備計畫評核圖的過程，整個工作的佈局一覽無疑，每個事項的先後順序關係都變得一清二楚，在專案初期就可以估計出對計畫最具影響的關鍵時程。

14.11　第一次畫出來的計畫評核圖總是很可怕，但隨後可以逐步調整。

14.12　對於「反正其他部分也會落後」這種影響士氣的話，計畫評核圖會告訴你答案。

14.13　每一位老闆都必須掌握意外狀況的資訊，好讓他據以採取應變措施，還有計畫的執行現況，好讓他據以教導部屬如何進行下去，並且有早期預警的效果。

14.14　想要知道底下各個小組的狀況並不是件簡單的事，因為有很多因素造成基層主管不願意分享這些資訊。

14.15　老闆的不良舉動將造成部屬不敢再向他報告事情的真相，相反地，小心界定出執行狀況報告，而且聽完報告後也不要過度反應或越俎代庖，就能鼓勵部屬據實以告。

14.16　要了解真相，一些審查技巧是必要的。用來比較里程碑與實際執行結果的報告是這方面的關鍵性文件。

14.17　Vyssotsky ：「我發現，在里程碑進度報告中同時標示出『規劃』日期（老闆的日期）和『預估』日期（基層管理者的日期）是蠻好的做法。專案經理必須克制自己不去插手管預估日期。」

14.18　對大型專案來說，非常值得成立一個計畫監控小組來維護里程碑報告。

第 15 章　一體兩面

15.1　對於一個軟體產品而言，一方面，不但要讓電腦看得懂程式，另一方面，也要讓人看得懂才行，兩方面都一樣重要。

15.2　即使是寫給自己使用的程式，也有必要留下一些說明，因為就

算是程式作者本身也會忘記。

15.3 老師和管理者都嘗試把文件的重要性灌輸給程式設計師，為了程式的壽命著想，就算是再懶，時程再緊，也要寫好文件，但卻大大地失敗。

15.4 失敗的主要原因並非是缺乏熱忱和口才，而是未能露一手展現*如何經濟有效地寫好文件*。

15.5 大部分文件常犯的毛病就是缺乏*概觀性的描述*（overview），也就是先求淺顯但涵蓋面廣泛，再逐漸深入解釋細節。

15.6 由於關鍵性的使用者文件將具體呈現出基本的規劃決策，所以多半在編寫程式之前就必須備妥，內容應該包含九個項目（請參考相應的章節）。

15.7 交付出去的程式都應該附帶一小組測試案例，一些是合理的輸入資料，一些是罕見的輸入資料，一些則是明顯不合法的輸入資料。

15.8 對程式修改者而言，不但需要講解程式內部細節的文件，同樣也需要淺顯的概觀性描述，這應該包含五個項目（請參考相應的章節）。

15.9 流程圖是最被過度強調的文件，繪製詳細的流程圖其實是個既落伍又麻煩的事情，用高階語言寫程式可以將之取代。（流程圖其實就是圖形化的高階語言。）

15.10 即使必要，也很少有程式需要一頁以上的流程圖。〔在這點上，MILSPEC 對文件的要求真是大錯特錯。〕

15.11 你確實會需要程式的結構圖，但也無需遵循 ANSI 流程圖標準。

15.12 要持續維護文件，把相關資訊融入程式碼比較好，而不要分別

維護不同的文件。

15.13 要將文件維護的負擔降到最小，有三個重要的概念：

- 借助於那些基於語言的要求而必須存在的語句，像是命名和宣告，盡可能容納更多的訊息在裏頭。

- 善用留白或某些固定格式來表現出從屬和巢狀的關係，增進可讀性。

- 以註解的形式在程式裏加入一些敘述，特別是模組的標頭檔（header）。

15.14 供程式修改者使用的文件中，所描述的應該不僅僅是什麼，還應該說明為什麼。目的的說明是了解與否的關鍵所在，即使高階語言的語法一點也不能表達目的。

15.15 高階語言搭配線上系統，正可發揮出自我說明最強悍的威力與實用性，這是必須善用的工具。

初版後記

E.1 軟體系統大概是人類創作中最錯綜複雜的東西（從組成各部分的類型數量來看）。

E.2 軟體工程的焦油坑還有好長一段艱險的路要走。

19

《人月神話》二十年

The Mythical Man-Month
after 20 Years

19

《人月神話》二十年
The Mythical Man-Month
after 20 Years

除了根據過去的經驗，我不知道還有什麼方法能夠預測未來。

派翠克·亨利

I know no way of judging the future but by the past.

PATRICK HENRY

你永遠無法憑過去的經驗來計畫未來。

愛德蒙·柏克

You can never plan the future by the past.

EDMUND BURKE

力爭上游
The Bettman Archive

［譯註］

派翠克‧亨利（Patrick Henry, 1736～1799），美國獨立戰爭的愛國者。本章的第一句開場白出自他在 1775 年 3 月 23 日所發表的著名演說〈不自由毋寧死〉（Give Me Liberty or Give Me Death）。

愛德蒙‧柏克（Edmund Burke, 1729～1797），英國哲學家、政治家。

二十週年紀念版的由來

夜裏，飛往 LaGuardia 機場的班機以一種低沉的嗡嗡聲響劃過天際，美麗的景色都被雲霧和黑暗所籠罩。我翻閱著平淡無趣的文書資料，但我並不感到無聊，因為坐在我旁邊的那位陌生人正在看《人月神話》，而我一直在等，等看看他會不會有什麼反應，也許是一番話或某些表示。最後，飛機終於降落滑向了登機門，我不能再等了：

「這本書如何？你喜歡嗎？」

「哦！這裏頭講的都是我老早就知道的東西。」

我決定不作自我介紹了。

為什麼《人月神話》能歷久不衰？為什麼到今天它都還能跟軟體的實務相結合？為什麼它會擁有許多非軟體工程方面的讀者？連律師、醫生、心理學家、社會學家都跟軟體界的人一樣引發了許多的評論、引述和回函。一本 20 年前所寫的書，講的都是 30 年前軟體開發方面的經驗，如何能夠與實務保持不脫節？更不用問它的實用性。

有時會聽到的一種解釋，是軟體開發這門學科發展得頗不尋常或是很不規律，這常常是因為將軟體開發的生產力與硬體製造的生產力相比較所得到的結果，後者在過去二十年間至少進展了一千倍。如同第 16 章所解釋的，這種異常並不是因為軟體本身發展得很慢，而是因為電腦技術史無前例地爆炸性成長，大體來說，這是源自於電腦製造的逐漸轉型，從裝配工業到加工工業，從勞力密集到資本密集。與大規模的機器製造相比，硬體和軟體開發基本上仍然停留在勞力密集。

第二種常被提出來的解釋，就是《人月神話》基本上講的是關於處在團隊裏的人如何創造事物，只是連帶地談到了有關軟體方面的事

情。這種說法的確有些道理，在 1975 年初版的序言中，就提到了管理一個軟體專案跟其他方面的管理有很多類似之處，而且比大部分程式設計師原本所認知的還要類似，我仍然相信這是真的。人類的歷史就像個劇本，裏頭訴說的故事千篇一律，故事的劇情是隨著文化的演進而緩緩地變化，然而舞台的佈置則總是在改變，正因為如此，我們可以從莎士比亞（Shakespeare）、荷馬（Homer）和聖經中看到身處二十世紀的自己。《人月神話》所講的是關於人和團隊的事情，所以過時得會比較慢。

無論如何，陸續還有讀者購買了這本書，也持續給予我許多欣賞的評語，現在，我常常被問到說：「當初所寫的，有哪些是現在的你認為是錯的呢？有哪些已經過時了？有哪些對軟體工程界來說，真正是歷久彌新？」每一個問題都很獨特，也都該一視同仁，我將盡我所能來回答每一個問題，不過回答的順序則不按照問題出現的順序，而是按主題來分類。首先，讓我們來仔細想想，當初所寫的有哪些是對的，而現在仍然正確。

中心理念：概念整體性與架構設計師

概念整體性（conceptual integrity）　一個井然有序、優雅的軟體產品所展現給每一位使用者的，無論是在應用上、在執行這項應用的策略上、在使用者介面指定動作和參數的手法上，都必須是前後連貫的一套心智模式（mental model）。產品的概念整體性是促成使用便利性（ease of use）最重要的因素，因為這是使用者能夠感受得到的（當然還有其他因素，麥金塔對所有的應用都採用了整齊劃一的使用者介面，就是一個重要的例子。此外，儘管建立了前後連貫的介面，仍然

有可能非常難用，想想 MS-DOS 。）

　　只根據一或兩個人的單一想法來設計出優雅的軟體產品，這方面的例子還有很多。大部分純粹靠智能的工作，像是寫書或作曲，都是這樣子得到成果的，然而，在很多產業，產品開發的過程並沒有辦法用這種直接了當的方式來達到概念上的整體性，來自於競爭的壓力，使得一切都不得不變得非常急迫，許多現代的技術領域，其最終產品都非常複雜，而其設計在根本上就需要耗費很多人月的工作量。軟體就是既複雜，而在時程上又必須非常競爭的產品。

　　任何產品只要是大到某種程度，或是緊急到需要好幾個人的腦袋一起合作，便會遭遇到一項獨特的困難：設計時必須靠許多人的構想共同來完成，但成果又必須讓使用者感覺到其概念是前後連貫的一套心智模式。你如何將這些投注在設計上的心血組織起來，以達到概念上的整體性呢？這就是《人月神話》所專注的重要問題，其中有一個論點，就是管理大型軟體專案在性質上是不同於管理小型專案，其原因就在於參與構思的腦袋數量。為了達到前後連貫的一致性，一種刻意、甚至於英雄式的管理作為是必要的。

架構設計師（architect）　　從第 4 章到第 7 章，我強調最重要的作為就是將某些不可分割的智能創作交付給產品的**架構設計師**來完成，產品在任何方面，只要是使用者能感受得到的，都是由他來負責概念上的整體性。架構設計師塑造並掌握產品外在呈現的心智模式，這將被用來向使用者說明產品的使用方法，包括所有功能的詳細規格，以及觸發和操控這些功能所代表的涵義。架構設計師也形同使用者的代理人，在功能、效能、程式大小、成本和時程之間總是衝突的情況之下，他得綜觀全局，站在維護使用者利益的角度上做出取捨。這角色

是個專任的職務,若要由團隊的經理來兼任,那只有在很小的團隊才適合這麼做。以拍電影類比,架構設計師就像是導演(director),而經理就像是製作人(producer)。

將架構獨立於實作(implementation)和實現(realization)之外 為了讓架構設計師更能夠順利完成他這份決定性的任務,將架構獨立於實作之外是必要的。所謂架構,就是使用者所能認知到的產品定義。架構與實作的區分為繁雜的設計工作界定了明確的界線,任何一邊都有相當多的工作要做。

架構設計師工作的再細分 對非常大的產品而言,即使將所有與實作相關的工作統統切分出去,仍然無法單靠一個人的腦力來處理所有的架構工作,因此,系統的主架構設計師便有必要將系統切分成子系統,而切分的界線所在,必須是能讓子系統之間的介面最小且最容易精確定義之處,然後,每個子系統都擁有個別的架構設計師,他必須向系統的主架構設計師提出他所負責的架構。很明顯地,這種過程可以視需要再細分下去。

今天我比以往更加堅信不移 概念整體性是產品品質的關鍵所在,具備系統架構設計師是邁向概念整體性最重要的一步。這樣的原則絕不僅限於軟體系統,任何複雜創作的設計也都適用,不論是電腦、飛機、星戰計畫、全球定位系統。在教了超過二十次的軟體工程實驗課之後,我最後都堅持在四個學生所組成的小團隊中,必須選出一位經理和一位獨立的架構設計師,為這種小團隊界定出個別的角色,這麼做也許有點過火,但我已觀察到它運作得很好,甚至有利於小團隊做出成功的設計。

第二系統效應：過度設計與頻率猜測

為廣大的使用者群來進行設計　個人電腦革命的影響之一，就是現成的套裝軟體取代了量身訂做的應用軟體，這情形至少在商業資料處理的領域是這樣。此外，標準套裝軟體所賣的是千百套的複本（copy），甚至百萬套，於是對機器零售商所供應的軟體而言，系統架構設計師在進行設計的時候，已必須考量到廣大、無固定需求的使用者群（user set），而不是只針對某一家公司單一、可界定出來的應用需求，許許多多的系統架構設計師在目前是面對這樣的工作。

　　很矛盾地，設計一個通用型的工具比設計一個特殊用途的工具要困難許多，這正是因為你必須在不同類型使用者的不同需要中做出權衡所致。

功能過度膨脹　以試算表或文字處理器這類通用型的工具來說，困擾架構設計師的，就是將無關緊要的功能特色塞到產品裏頭的誘惑，而付出的代價則是效能，甚至於使用便利性。從一開始，想要塞進這些特色的誘惑就非常大，但只有在著手進行系統測試的時候，才會嘗到效能上的苦果，至於使用便利性，則是在這些特色一點一滴增加的過程中不知不覺地喪失，而使用手冊也漸漸地越來越厚。[1]

　　對大眾市場歷經好幾代而仍能存活並持續發展的產品而言，這種誘惑尤其強烈，成千上萬的顧客要求了上百個功能特色，任何一項要求本身都可以證明「符合市場需要」。通常，原系統架構設計師早就為了更偉大的事業而離開了，而接手架構的人又缺乏綜觀均衡使用者整體利益的經驗。最近一份對微軟 Word 6.0 的評論說道：「Word 6.0 塞滿了許多功能，沉重的包袱使得更新速度緩慢⋯⋯Word 6.0 又大

又慢。」上頭還非常沮喪地附註說明 Word 6.0 需要 4 MB 的記憶體，之後還說加入這麼豐富的功能意味著「即使一台麥金塔 IIfx 要執行 Word 6.0 的工作也〔是〕非常地勉強。」[2]

定義使用者群　面對越廣大、越多無固定需求的使用者群，想要達成概念整體性，就越有必要將使用者群明確地定義出來。設計團隊裏的每一位成員，必然在內心裏都對這些使用者有一些設想，而且每個人的設想都不會一樣，由於架構設計師的內心想法無論在有意或無意間，都會影響到架構上的每一個決定，所以，在設計團隊中建立單一共同的想法是非常重要的，而這需要將目標使用者群的屬性給寫下來，這些屬性包括：

- 他們是誰（Who they are）
- 他們需要什麼（What they need）
- 他們認為他們需要什麼（What they think they need）
- 他們想要什麼（What they want）

〔譯註〕
「need」意指「顧客的原始需求」，若任何產品或功能可以滿足「need」就變成「want」。

頻率　對任何軟體產品而言，使用者群的每一項屬性事實上都是一種分佈（distribution），由許多可能的值（value）所組成，每個值都有它的頻率（frequency），架構設計師如何能求得這些頻率呢？若對這種不明確的族群分佈展開調查，實在是既花成本而結果又令人半信半疑的事。[3] 多年來，我已堅信架構設計師必須去猜，或者你喜歡用別

的字眼，就是假設一整套屬性與各個值的頻率，以此發展出一個對使用者群完整、明確、共通的描述。

這種看起來不太可行的程序有許多好處。第一，細心猜測頻率的過程將促使架構設計師對所預期的使用者群進行非常仔細的思考；第二，把各個頻率寫下來，將迫使他們深思熟慮，啟發所有參與設計的人員，於是彼此設想中的相異之處便可以浮上檯面；第三，明確地列出這些頻率，可以幫助大家明瞭哪一項決策是根據哪一項使用者群的屬性而來。這是一種非正規、憑感覺的分析，但卻很有用。如果後來發展到一些非常重大的決策必須要根據某些特定的猜測結果，那時為了這些數據，就值得耗費成本去進行更好的估計。（由 Jeff Conklin 所發展的 gIBIS 系統提供了一套工具，可用來正規、精確地追蹤設計決策與記錄每項決策的緣由，[4] 雖然我還沒有使用它的機會，但我想那是非常有用的。）

簡而言之：把使用者群各項屬性的猜測結果明確寫下來，錯誤而明確，也遠比模糊不清要好。

「第二系統效應」？ 有一位觀察敏銳的學生注意到《人月神話》提供了一個對付災難的祕訣：為任何一個新系統都規劃遞交第二個版本（第 11 章），但這卻是第 5 章所強調一個人所做過的設計中最危險的系統。我不得不承認他真的很會「唬人」。

這是文字上的矛盾，不是我真正的意思。第 5 章所講的「第二」系統，是已正式上線運作的第二個系統，也就是會招致多餘花俏功能的後繼系統。第 11 章所講的「第二」系統，則是指預定要正式上線運作的第一個系統，針對其該有的功能所進行的第二次嘗試，它是在時程緊迫、能力不足和缺乏經驗的窘境下開發的，這也是新專案都會

有的特徵——這樣的窘境所造就出來的將是一個比較陽春的系統，而不是功能過度膨脹的系統。

WIMP 介面的成功

過去二十年間，最令人印象深刻的一項軟體上的進展，就是視窗（Window）、圖示（Icon）、選單（Menu）、點選（Pointing）介面——或簡稱為 WIMP，這是當今大家都熟悉到不用再多說的東西，這個概念是在 1968 年西部聯合計算機研討會中，由 Doug Engelbart 和他史丹佛研究院的小組首次公開展示的，[5] 隨後這些構想流到了全錄 Palo Alto 研究中心，並在 Bob Taylor 所帶領的小組發展之下，於 Alto 個人工作站中展現出來，然後，這些構想又被 Steve Jobs 引用在 Apple Lisa 上，但由於這種電腦不夠快，以致於無法負荷它在使用便利性上的驚奇概念。直到 1985 年，Jobs 終於在商場上非常成功的蘋果麥金塔（Apple Macintosh）上具體實現了這些概念，之後，被運作於 IBM 個人電腦及其相容電腦的微軟視窗（Microsoft Windows）所採用。我以麥金塔的版本來當作例子。[6]

透過隱喻來達成概念整體性　WIMP 是使用者介面具備概念整體性的一個相當好的例子，它的成功是透過採用一套普遍熟悉的心智模式，也就是桌面隱喻（desktop metaphor），並且以謹慎地顧及前後一致的擴充方式來發揮電腦繪圖的實作。例如，讓視窗重疊，以取代像鋪磚塊一樣的排列方式，就是直接遵循這項隱喻的一個雖耗成本、但明智的抉擇。讓視窗可以改變大小和外形則是符合一致性的擴充，原本在辦公桌上的紙張是無法輕易改變大小和形狀的，但透過電腦繪圖這種

介質（medium），賦予了使用者新的能力。拖放操作（dragging and dropping）也直接遵循了這項隱喻，以游標（cursor）點選圖示，類比自以手拿取物品的動作，而圖示和巢狀式的檔案夾則忠實地類比自辦公桌上的文件，垃圾筒的類比也是如此。剪下、複製、貼上的概念忠實地反映出我們在辦公桌前慣常處理文件的方式。總之，這項隱喻所遵循的就是忠實反映現實，若要對現實加以擴充，原則就是要保持一致性，假如這介面不能做到始終如一，例如把一個軟碟圖示拖曳到垃圾筒是為了要彈出磁片，那麼新使用者就會對這樣的概念感到很突兀，這種（蠻糟的）不一致的情形簡直會叫人神經緊張。

　　WIMP 介面有哪些地方是迫於某些因素而無法符合桌面隱喻呢？最主要的有兩方面：選單，以及單手操作。實際上，在辦公桌前工作的時候，人們是對文件做動作，而不是叫某個人或某個東西去做，真要叫某個人去做一項動作的時候，通常會發出口頭上的命令，或寫出命令式的句子：「請將這個歸檔」、「請找出先前的信件」、「請把這個傳送給Mary 去做」，而不是去選擇一項命令。

　　唉！對於以任意形式創造出來的英文命令，無論是書寫或語音，可靠的解譯技術還停留在屬於藝術的展示階段，所以，麥金塔介面的設計者從使用者對文件所做的動作中抽離出兩個步驟，他們很聰明地取材自一般辦公桌上的一個選取命令的例子──附於公文上事先印好了的簽條，在上頭，使用者可以從一些固定的命令選單中選取，而所選出來的命令都是符合標準語法的，根據這個構想，就衍生出水平選單和垂直式的下拉副選單。

命令的表達與雙游標問題　命令是屬於祈使句，總會包含一個動詞，而且通常跟著一個直接受詞，所以對於任何動作，你必須指定一個動

詞和一個名詞。根據點選隱喻（pointing metaphor）的主張，同時要指定兩個東西，螢幕上必須有兩個不同的游標，分別由不同的滑鼠來控制——其中一個用右手控制，另一個用左手，畢竟，我們實際在辦公桌上通常都是用雙手在工作（但其中一隻手多半還是在原位握著東西，這就是電腦桌面上預設的情況）。我們的心當然有能力進行雙手的操作，我們平常也都是用雙手打字、開車、煮飯，唉！對個人電腦的製造商來說，能提供一隻滑鼠已經算是向前邁進一大步了，沒有任何商用系統會提供必須同時以雙手各操作一隻滑鼠與游標的動作。[7]

麥金塔介面的設計者接受了現實，並且以一個滑鼠的情況來進行設計，按照語法上的習慣，先點出（選取）名詞，再點出動詞，也就是選單中的一個項目。這真的喪失了許多使用便利性，當我觀察使用者，或使用者的錄影帶，或電腦游標移動的軌跡紀錄，我立刻驚覺到一個游標必須同時做兩件事：在視窗的桌面上選取一個物體，然後從選單裏挑出一個動詞，在桌面中尋找或再尋找一個物體，再拉出一個選單（常常還是同一個），挑出一個動詞，游標來來回回跑著，從資料區到選單區，對於之前做過但適用於這次場合的事情，它每次都把有用的資訊給拋棄掉——完全丟掉，一個很沒有效率的過程。

一個卓越的解決方案 就算電子硬體和軟體能夠輕易地處理同時處於活動中的兩個游標，也是會有空間配置的困難。在 WIMP 所隱喻的桌面上，其實還包括了一台打字機，而你必須在實際的辦公桌上擺放真正的鍵盤，一個鍵盤加上兩塊滑鼠墊，在伸手可及的範圍內佔據了許多空間，咦！鍵盤的問題可以轉化成一個機會——為什麼不用一隻手來操作鍵盤選取動詞，而用另外一隻手來操作滑鼠選取名詞呢？這樣不就能有效運用雙手的操控了嗎？現在，游標會停留在資料區，充

分發揮連續選取名詞的高度區域性，真的是很有效率、很進階的使用方式。

進階使用方式與便利性　然而，這個方法對新手來說，會喪失掉原本因選單而帶來的使用便利性——選單會配合任何特定的情況來顯示出可供選取的動詞。我們買了個套裝軟體，帶回家裏，不用翻使用手冊就可以開始使用它，我們只要知道買它是幹什麼用的，只要去嘗試不同選單中的動詞即可。

　　軟體架構設計師所要面對的其中一個最困難的議題，就是如何恰如其分地在進階使用方式與便利性之間取得平衡，他們要為新手或偶爾才會用一下的使用者設計出簡單的操作方式，還是要為專業級的使用者設計出比較有效率的進階使用方式呢？最完美的答案就是兩者都提供，並仍然兼顧到概念的連貫與一致—— WIMP 介面成功地辦到了這點。只要是使用頻繁的選單動詞，都會等效於某個單鍵＋命令鍵，大部分都是精選過的，好讓這些鍵能夠和諧地搭配左手的操作，進而輕易地被敲擊出來，例如，在麥金塔，命令鍵（）的位置就在 Z 和 X 鍵的正下方，於是，那些使用頻繁的操作就可以編碼成 z、x、c、v、s。

逐步從新手轉換到進階使用者　同時提供這兩種下達命令的系統，不只降低了新手的學習門檻，也兼顧到進階使用者在效率上的需求，它為每一位使用者在這兩種模式之間提供了一套很平順流暢的轉換過程。操作的編碼稱為捷徑（short cut），這會列在選單中的動詞旁邊，使用者不確定的時候，就可以把選單拉下來，看看對應的是哪個捷徑，而不是永遠都要靠選單來選取。對新手來說，可以從使用上最頻繁的操作來學習他第一個捷徑的用法，如果有任何不確定的捷徑，他

也可以先嘗試看看，反正 z 可以回復（undo）任何一個錯誤的操作，要不然就查看選單，便可知道哪些命令是有效的。新手將會常常拉下選單，但進階使用者就比較少這麼做，介於這兩者之間的使用者則只會偶爾需要用到選單，因為他能夠用少數已知的捷徑來完成大部分需要的操作。絕大多數身為軟體設計師的我們都對這種介面太熟悉了，以致於無法全然欣賞它的優雅與威力。

成功地把直接融入當作是強化架構的策略　麥金塔介面還有另外一點更加引人注目。不需強迫，它的設計者就已經讓它成為跨應用軟體的標準介面，包括由第三協力廠商（third party）所寫的軟體，而這是應用軟體的最大宗。於是，在介面層級上，使用者得到了概念一致的好處，這不僅僅是伴隨機器而配備的軟體是這樣，連所有的應用軟體都是如此。

　　麥金塔設計師所完成的這項豐功偉業，是透過把建立好的介面放在唯讀記憶體中，好讓軟體開發人員可以輕易而快速地運用它，而不必花功夫去開發他們自己的特殊介面，這些促成統一的自然誘因很普遍地奏效，並足以建立一套實際上的標準。透過蘋果公司在管理上的全面投入，以及大量的理念推廣，助長了這樣的自然誘因，一些產品雜誌上的獨立評論家，就跨應用軟體的概念整體性上，也給予它極高的評價，還無情地對與它格格不入的產品展開批評，這也造成了某些助長的作用。

　　這項技術其實在第 6 章提到過，麥金塔介面正是這項技術的一個極佳範例，也就是，藉由鼓勵其他人把你所寫的程式直接融入（direct incorporation）到他們的產品之中，而不要企圖迫使他們按照你所定的規格來開發他們自己的軟體。

WIMP 的命運：終將落伍　雖然它很優秀，但我預料 WIMP 介面終將成為某個世代的歷史遺跡，當我們對著電腦下命令時，點選將仍然是表達名詞的方式，而語音則無疑是表達動詞最有利的方法，有些工具像是麥金塔上的 Voice Navigator，以及個人電腦上的 Dragon，都已經提供了這種能力。

不要建構出必然失敗的系統 —— 瀑布模型是錯的！

疾馳葛蒂（Galloping Gertie）的難忘景象 —— Tacoma Narrows 吊橋開啟了第 11 章的序幕。那一章極端地建議：「無論如何，把必然的一次失敗納入正式計畫之中。」我現在認知到這是個錯誤，倒不是因為這麼做太過火了，而是因為它過份簡化了問題。

[譯註]

「Gertie」是一種恐龍，1910 年代有個很有名的卡通片就叫做《*Gertie the Dinosaur*》（葛蒂恐龍）。Tacoma Narrows 吊橋只要有一點風就會上下搖晃得很厲害，走在橋上的車子彷彿是雲霄飛車，有時前面的車子會突然失去蹤影，因為它正向下開往振盪的波谷，坐在車裏的那種上上下下的感覺，也很像是疾馳中的恐龍一般，於是 Tacoma Narrows 吊橋就獲得了「疾馳葛蒂」的稱號。

「建構一個必然會失敗的系統」，這個概念最大的錯誤就是它隱含了一個假設，假設軟體的創作是傳統的循序式或瀑布模型，這是源自於將過程中的各個階段用甘特圖（Gantt chart）來展現所得到的結果，它常常畫成像圖 19.1 的樣子。Winton Royce 在 1970 年的一篇經

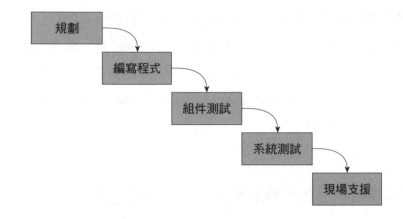

圖 19.1　軟體創作的瀑布模型

典論文中改良了這個模型，他提出：

- 某些回饋（feedback）會從某個階段回到它上一個階段。
- 回饋的傳遞限制在相鄰的階段之間，以便抑制它所引起的成本增加和時程延誤。

　　他早在《人月神話》之前就建議開發人員「建構兩次」。[8] 第 11 章並不是唯一受循序式瀑布模型影響的部分，整本書都受它的影響，包括從第 2 章時程預估的法則開始，按經驗粗略分配時程的 1/3 規畫，1/6 寫程式，1/4 模組測試，1/4 系統測試。

　　瀑布模型的根本謬誤，就是假設專案只會從頭到尾將過程流過一遍，架構很棒、很好用，實作的設計很正確，而實現階段的錯誤也都可以在進行測試的時候加以修正。換句話說，瀑布模型是假設錯誤全部都發生在實現階段，所以，這些錯誤的修正工作都可以很順利地在模組測試和系統測試的過程中進行安排。

　　「把必然的一次失敗納入正式計畫」實際上就是要針對這項謬誤

來進行解決，這項謬誤的診斷結果並沒有錯，錯在矯正的方法。現在，我的確會建議你也許可以一小部分、一小部分地丟棄或重新設計第一個系統，而不是全部都丟掉重做。到目前為止都還不錯，但這根本弄錯了問題的核心，要知道，瀑布模型是把系統測試放在開發程序的最後頭，這意味使用者測試是最後才做，於是當你發現最後做出來的東西很糟糕，糟糕到使用者無法接受，也許是無法忍受它的效能，也許是安全性上做得不好，無法適切地處理使用者的錯誤或惡意攻擊，但一切都為時已晚，因為所有的開發成本統統都已經支付出去了。當然，對規格進行仔細的 Alpha 測試就是為了能早點發現這類問題，但是，實實在在的使用者是無法取代的。

瀑布模型的第二個謬誤，就是假設人們可以一次建構出整個系統，能在所有的實作設計、大部分的程式編寫、許多的模組測試都完成之後，結合所有的程式片段來進行整合性的系統測試。

在 1975 年，瀑布模型是當時公認的軟體專案進行方式，雖然在過去這段期間，大部分業界的有志之士都已經認知到它並不恰當，並且加以揚棄，但很不幸，它竟然被 DOD-STD-2167 奉為圭臬，亦即美國國防部為所有軍用軟體所律定的規範，使瀑布模型得以繼續延用。所幸國防部現在已經注意到這點了。[9]

逆流而上是必須的　就像開場圖片中那些精力充沛的鮭魚一樣，在軟體創作的過程中，從每個下游階段所獲得的經驗和構想必須逆流向上跳躍，有時甚至得跳越一個以上的階段，並影響上游的活動。

在實作階段進行設計的時候，也許會發現某些架構上的特色效能不佳，於是就得重新修訂架構；在實現階段編寫程式的時候，也許會發現某些函式佔用了過多的記憶體，於是就得更改架構和實作。

因此，任何東西在進入實現階段並寫出程式碼之前，你可能會反覆（iterate）經過兩個或更多從架構到實作的循環週期。

較佳的漸進式開發模型——逐步細分精製

建構出首尾相連的骨幹系統

致力於及時系統環境的 Harlan Mills ，他很早就鼓吹我們在開發及時系統的時候，應該先建立一個輪詢迴圈（polling loop）當作基礎，並為所有的功能都準備一個副程式呼叫（圖 19.2），但只是空的副程式，形同傀儡（stub），然後對它進行編譯、測試，它的迴圈是一遍又一遍地執行，完全沒做什麼事，但把迴圈這件事做得很正確。[10]

接下來，我們更新一個輸入模組和一個輸出模組（也許是很簡陋的），瞧！雖然有點無聊，但一個運作中的系統開始做了某些事情。現在，一個功能接著一個功能，逐步地建構模組、加入模組，不管在任何階段，我們隨時都保有一個可以運行的系統，假如更勤勞些，每個階段都可以擁有一個除錯、測試完成的系統。（隨著系統越來越

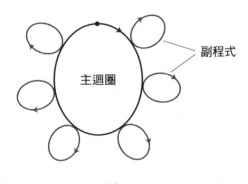

圖 19.2

大，迴歸測試的工作負擔就是每個新模組都得用之前的測試案例再測
試過。）

　　當每個功能都用最簡陋的方式讓它運作之後，我們開始回過頭把
第一個模組細緻化（refine）或改寫它，接著換另一個，逐漸地發育
（growing）這個系統，當然，有時我們也會面臨必須修改最初設計的
驅動迴圈，甚至於模組的介面。

　　由於我們在任何時候都擁有一個可以運行的系統，於是

- 很早就可以開始進行使用者測試，並且
- 可以採取有多少錢就做多少事的策略，以避免一定要面對時程或
  預算超支的問題（代價可能是缺乏些許功能）。

　　我在北卡羅萊納大學教了大約 22 年的軟體工程實驗課，有時會
和 David Parnas 一起，在課程中，通常是由四個學生組成一支小團
隊，他們必須在一個學期之內完成一個具有一定水準的應用軟體系
統。大約是這些年的後半段開始，我改為教授漸進式的開發方式，我
非常訝異於當第一個能夠運作的系統的第一個畫面出現在螢幕上的時
候，那種對整個團隊士氣所造成的激勵效果。

Parnas 的家族系列產品概念

這 20 年間，David Parnas 已成為軟體工程界重大思潮的領導者，資
訊隱藏（information-hiding）的概念就是他提出來的，相信大家都對
此相當熟悉。Parnas 還提出了另一個不是很有名，但非常重要的概
念，就是把軟體設計成一個家族（family）系列的產品。[11] 他敦促設
計師要為產品後續的擴充以及未來的版本加以設想，預先定義出功能
或平台的區分，以建立起一系列相關產品的樹狀族譜（圖 19.3）。

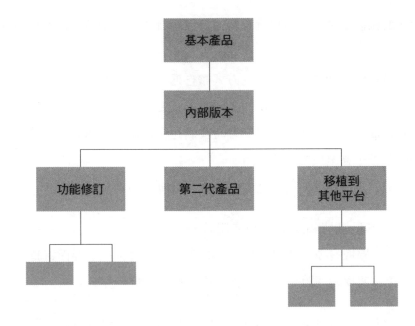

圖 19.3

　　設計這種樹狀族譜的竅門，就是把設計決策中，越傾向於不太容易更動的產品，便將之定位在越接近根節點（root）的位置。

　　這樣的設計策略使模組再利用（reuse）的可能性變到最高，更重要的是，這不僅僅適用於可遞交出去的產品，對漸進式開發過程中所建立的一連串中間版本也同樣適用，這使得產品在逐漸成長發育的過程之中，如果要變卦退回之前某個中間階段的版本也比較容易。

微軟的「每晚重新編譯」方案

James McCarthy 告訴我一個在微軟公司內部所使用的產品開發程序，這也是他自己的團隊所使用的，這個程序按理說也是屬於漸進成長發育的方式，他說：

　　在產品第一次遞交出去之後，我們就會持續遞交後續的版本，而

這都是在一個既有、可以運行的產品上加入更多的功能。最初的編譯程序為什麼要與眾不同呢？就從我們的第一個里程碑開始〔在產品第一次遞交出去之前有三個里程碑〕，我們每天晚上都把發展中的系統重新編譯一遍〔並且把測試案例也執行一遍〕，於是，編譯的週期彷彿就成了專案進行的脈動。每天，都會有一或多個由程式設計師與測試人員所組成的小組，把具備新功能的模組登入（check in）進去，於是每次編譯完成之後，我們就會擁有一個可以執行的系統，假如編譯失敗，我們就停止整個程序，直到問題被發現也被解決為止。在任何時候，團隊裏的每一個人都知道當時的開發狀況為何。

這真的很難，你必須投入許多資源下去，但這是個可以掌握住專案的程序，一個可以追蹤、了解狀況的程序，它給予了開發團隊對這個產品的信心，而你的信心，就決定了你的士氣和工作情緒。

在其他機構負責編譯軟體的人員對這種程序相當訝異，甚至感到震驚，其中有一位還說：「這個程序我們已經做到每週落實一次，但如果每天晚上都要編譯的話，我認為工作量就太多了。」這也許是實情，例如，貝爾北方實驗室就是每週對它那一千兩百萬行程式的系統重新編譯。

漸進式開發與快速原型製作

採用漸進式的開發流程，從早期就可以和真正的使用者進行測試，這樣的做法和快速原型製作（rapid prototyping）有何不同呢？就我的想法，這兩者似乎是有所關聯，但彼此獨立，在選擇時不必相互牽連。

Harel 很實用地把原型定義成：

〔程式的一個版本〕反映的只是在概念模型（conceptual model）
準備過程中的設計決策，而不是以實作考量為主的決策。[12]

所開發出來的原型也有可能根本不屬於朝未來交付方向進行擴充
的產品，例如，你也許會做出一個介面原型，但在介面之後並沒有真
正的程式在執行任何功能，只有一個有限狀態機（finite-state machine）
在運作，使它看起來好像是完成了它該有的步驟。你甚至可以採用綠
野仙蹤（Wizard-of-Oz）技術，把人藏在電腦後面操控，用人去模擬
系統的反應，一樣可以為介面製作原型或進行測試。這種原型製作非
常有助於及早取得使用者的回饋，但這跟測試一個朝未來交付方向進
行擴充的產品完全是兩碼事。

〔譯註〕

童話故事「綠野仙蹤」裏有一段情節：桃樂絲、稻草人、錫面人和獅
子來到了翡翠城，找到了歐茲魔法師（Wizard of Oz），但發現歐茲竟
然躲在屏風後面操控一些道具，模仿一些聲音，使屏風前的人一會兒
看到大頭，一會兒看到美女，一會兒看到怪獸，一會兒看到火球，讓
人誤以為他是個變化多端的厲害魔法師，但其實他只是個普通小老頭
罷了。

同樣地，實作人員也可以著手建構出產品的一個垂直片段，雖然
對產品來說功能有限，但是該片段的實作卻是由上到下做得很完整，
好讓效能上可能潛在的問題得以盡早浮現出來。微軟的第一里程碑編
譯與快速原型之間有什麼不同呢？功能。第一里程碑的產品可能沒有

足夠的功能會讓人產生興趣，至於快速原型這種打算要交付出去的產品，則必須在完整性上，要提供一套實用的功能，而在品質上，則要讓人有信心它會很可靠地運作。

關於資訊隱藏，我錯，Parnas 才對

在第 7 章中提到了一個問題，就是每一個團隊中的成員對於彼此負責的設計和程式碼，該被允許或鼓勵相互了解到什麼程度。對此，我比照了兩個不同的做法。在 OS/360 專案中，我們決定全部的程式設計師統統都應該要了解全部的構想——換句話說，每一位程式設計師都會擁有一份專案工作手冊（workbook）的副本，那是總數超過 10,000 頁的東西。Harlan Mills 曾經很有說服力地來論證「寫程式應該是一種公開的過程」，因為把所有的工作都攤開來讓所有的人知曉，將有助於品質的控制，不單是被人檢視的壓力會促使人們把事情做得更好，有這麼多隻眼睛一起來檢查，確實是能看出許多的缺點和錯誤。

這種做法跟 David Parnas 的主張形成了強烈的對比，他認為模組應該要被良好的介面封裝（encapsulate）起來，模組的內部應該是程式設計師私有的東西，不應公開讓人知曉，不是他負責的模組，就要對其內部機構加以保護，而非暴露出去，這樣程式設計師做起事來會最有效率。[13]

對於 Parnas 這招「對付災難的良方」，我在第 7 章並沒有加以認同，其實，Parnas 是對的，我是錯的。我現在相信，當今慣常以物件導向程式設計（object-oriented programming）來落實的資訊隱藏是提升軟體設計層次的唯一方法。

事實上，這兩種做法不論採用哪一個，你都有可能遇到災難。

Mills 的做法是保證程式設計師能夠藉由了解其他部分，來熟悉他自己負責的那一部分的介面語意（semantic）細節，把這些語意給隱藏起來將招致系統錯誤。另一方面，若是處在變動的情形下，Parnas 的做法則是較為可靠的，很適合用在為改變而設計（design-for-change）的開發哲學上。

以下是第 16 章所主張的：

- 過去在軟體生產力上的進展，大多是來自於解決非本質性的難題，像是難用的機器語言和緩慢的整批回覆時間（batch turnaround）。
- 這種好解決的東西已經所剩不多了。
- 想要更進一步的進展，就必須對付本質性的難題，找出辦法讓複雜的概念創作成形。

要辦到這點，可想而知，最明顯的方式就是讓堆砌程式的概念單位（conceptual chunk）遠遠大於單一高階語言的敘述──副程式、模組，或是類別（class）。假如我們在設計和建構時，就只需要把之前曾經做過的東西加以設定並組合在一起，那麼就可以大幅提升概念的層次，減輕許多工作量，並減少許多在單一程式敘述這個層次中發生錯誤的機會。

這方面的研究歷程中，Parnas 為模組資訊隱藏所下的定義是極為重要的第一步，這也是物件導向程式設計理念的鼻祖，他把模組定義成一個軟體實體，擁有自己的資料模型與一組操作方法（operation），它的資料只能夠透過某些特定的操作方法來進行存取。第二步就是一些思想家的貢獻：把 Parnas 的模組改良成抽象資料型別（abstract data type），以此來衍生出許多物件（object），抽象資料型別為模組介面的思考和界定提供了一個統一的方式，也提供了一個易於施行的

存取規範。

物件導向的第三步是引進了更具威力的繼承（inheritance）觀念，使類別（資料型別）得以透過它在類別階層中的父類別（ancestor）來具備預設的特定屬性。[14] 我們希望能從物件導向程式設計中所獲得的好處，事實上大部分是來自於第一步，也就是模組的封裝，再加上一個預先建立模組或類別程式庫的構想，而這是事先就為了再利用的考量而完成設計並通過測試的，這種模組並不是普通的程式，倒是比較接近第 1 章所討論的軟體產品（programming product），許多人選擇忽略這樣的事實，還有些人只是憑空希望得到許多模組再利用的好處，卻不肯預先付出任何代價去建立具備產品品質的模組——通用、穩健、測試完成、文件齊全。物件導向程式設計與再利用已在第 16 章和第 17 章討論過。

人月有多麼像神話？ Boehm 提出的模型和數據

這些年來，在軟體生產力和影響生產力的因素方面，已經有為數不少的研究，特別是在專案的人力與時程之間的取捨上。

最紮實莫過於 Barry Boehm 對大約 63 個軟體專案所做的研究，其中包括大約 25 個 TRW 公司的案子，主要都是航太方面的。他的《Software Engineering Economics》一書不僅包含了這方面的研究結果，也是很實用的一套逐步統整各種因素的成本模型。雖然這個模型所使用的係數肯定是不同於一般的商用軟體，也不同於按政府標準開發的航太軟體，但無論如何，畢竟他的模型背後有大量的資料支持著，我認為這本書將成為今後這個世代的實用典範。

Barry Boehm 的研究結果紮實地證實了《人月神話》的主張，亦

即人力與工時之間的取捨根本不是線性的關係，要用人月來做為生產力的量測單位事實上是個神話，特別是他發現：[15]

- 在成本最佳化的情形下，計算第一次出貨日的時程公式為 $T=2.5(MM)^{1/3}$。也就是說，以月為單位的最佳出貨時間和以人月為單位的預期工作量的立方根值是呈正比，這個數據是根據實況的估計，以及他模型中的其他因素推導而來的。於是，一個最佳的人力配置曲線便可推導出來。
- 當規劃的時間比最佳的時間還多時，成本會微幅增加。給人們越多時間，他們就會花掉越多時間。
- 當規劃的時間比最佳的時間還少時，成本會大幅增加。
- 當規劃時間比最佳時間的 3/4 還少時，則幾乎沒有任何專案能夠成功，不論給多少人去做都一樣！當高層管理者以不可能完成任務的時程來苛求時，這個結果很值得軟體管理者引用來做為反駁的堅實理由。

Brooks 定律有多準確？ 甚至還有很仔細的研究在評估 Brooks 定律（一個刻意將之過份簡化的結果）的真實性，也就是在一個時程已經落後的軟體專案中增加人手，只會讓它更加落後。做得最好的就是 Abdel-Hamid 和 Madnick 在 1991 年出的一本很有企圖心、很重要的書《*Software Project Dynamics: An Integrated Approach*》。[16] 這本書發展出一個專案互動過程的定量模型，其中有個關於 Brooks 定律的章節提供了更仔細的觀察，包括在各種假設下會造成什麼樣的結果，像是加入什麼樣的人力，以及什麼時機加入。為了對這些展開調查，作者擴充了他們自己中型應用軟體專案的模型，藉由假設對新加入的人來說，存在著一條學習曲線，好讓額外的溝通和訓練工作能夠納入分

析。他們的結論是「對於一個時程已經落後的專案，增加更多人手必然會耗費更多成本，但未必會使專案拖得更久〔『未必』字體不同，這是 Abdel-Hamid 和 Madnick 所強調的重點，我直接引用於此〕。」尤其是在時程早期加入額外的人力要遠比後期才加入還安全，因為新加入的人總是會有立即的負面影響，而這需要花幾個星期的時間才能彌補回來。

Stutzke 發展出一個較為簡單的模型來展現類似的調查，所得到的也是類似的結果。[17] 對於新手融入專案的過程和成本，他做了仔細的分析，包括對負責引導的老手所造成的明顯牽制情形。他在實際的專案中對他的模型進行了測試，在該專案進行到一半而延誤的情況下，人力順利地加了一倍，也完成了原訂的進度，隨後，他反而選擇加入更多程式設計師，還特別加班。最有價值的部分就是他提出了許多實務上的建議項目，像是新加進來的人力該如何投入、訓練、配合工具支援……等等，以把加入他們的負面影響降到最低。特別卓越的是，他下了個註腳，也就是在一個開發專案的後期要加入新人的話，必須是團隊中的成員出於自願地在這個過程中配合和工作，而不是為了嘗試去變更或改進這個過程本身！

Stutzke 相信，在一個大型專案中增加人手對溝通所造成的負擔是屬於二階效應（second-order effect），他並沒有為此建立出模型，是否 Abdel-Hamid 和 Madnick 有把這方面納入分析，或他們到底是如何做的，則不明確。另外，我常常發現工作必須重新切分這個過程也不容小覷，但這兩個模型都沒有把這個事實納入分析。

經過這些仔細的研究與徹底的檢驗，使 Brooks 定律這「過份簡化」的陳述變得更加實用。為了能將一切因素都納入考慮，我隨時歡迎更露骨的說法，以使這個經驗法則成為更接近事實的估計，並警告

管理者避免在專案時程落後的情況下，盲目地憑直覺做出增加人手的決定。

人就是一切（好吧！幾乎是一切）

有些讀者已經發現，奇怪，《人月神話》怎麼看都不像是一本技術性書籍，大部分都是些偏軟體工程管理方面的文章，這或多或少跟我在 IBM OS/360（現在的 MVS/370）專案中所擔任的角色有關，很自然而然就會有這種傾向，不過，基本上還是源自於我對於人所秉持的一種信念：專案如果要成功，人的品質，以及人的組織與管理，遠遠比他們所運用的工具或技術要來得重要。

　　隨後有好些研究都支持這樣的信念，Boehm 的 COCOMO 模型發現，團隊的品質明顯是影響成功與否的最大因素，事實上，其影響的程度是四倍於第二大因素。絕大部分有關軟體工程的學術研究都是集中在工具上，我當然也對「神兵利器」愛不釋手，但無論如何，是蠻值得去留意一下對於人所正在進行的研究，包括如何關懷人、栽培人、滿足人，以及軟體管理方面的活動。

用人的智慧　DeMarco 和 Lister 在 1987 年出了一本書《*Peopleware: Productive Projects and Teams*》，這是近年來一個很重要的貢獻。這本書的基本論點就是「我們在工作中所面臨的，在本質上，主要都是社會性的問題，而非技術性的問題」，內容字字珠璣，處處都是佳句，例如「管理者的工作並不是叫人去工作，而是去創造讓人想去工作的情境」。裏頭還談到了許多像是空間規劃、辦公傢俱、小組會餐這類感覺上很不起眼的議題。DeMarco 和 Lister 提供了他們在 Coding

War Games 中的一些實際資料，這些資料顯示，身處同一機構的程式
設計師，他們彼此之間的表現具有高度的相關性，而工作場所的特性
和程式設計師的生產力之間，或是和造成錯誤的數量之間，其相關性
都大到令人吃驚。

> 頂尖好手的工作環境較為安靜、較為隱私，也比較不會受到打擾，
> 還有很多……這對你而言真的很要緊嗎……一個安靜、寬敞、隱
> 私的工作環境，是否有助於你現有的員工把工作做得更好，或是
> 〔從另一個角度來看〕幫助你去吸引和留住更好的人才？[18]

由衷地推薦這本書給我所有的讀者。

專案移轉　有一項匪夷所思但不可或缺的團隊特質，DeMarco 和
Lister 給予了高度關注，就是團隊凝聚力（fusion）。我認為管理上並
不重視凝聚力，因為我觀察到在一些跨不同地域的公司中，他們會把
某個實驗室所負責的專案移轉到另一個單位。

我經歷過和觀察到的專案移轉大概在六個左右，沒有一個是成功
的。你可以成功地移轉任務（mission），但若要移轉專案，從這些例
子就可以看出，即使擁有良好的文件、具備某些先進的設計，並保留
部分的舊團隊成員，新團隊事實上都還是從頭來過。我認為這是因為
中止了尚在發展中的產品，連帶破壞了舊團隊所建立的凝聚力，於是
一切幾乎都得重新再培養起。

放棄權力的威力

如同我在這本書的許多地方強調的，假如你相信創意是來自於個人，

而非組織或程序,那麼,軟體開發的管理者首要面對的問題,就是如何設計一個組織或程序,可以激發個人的創意和進取心,而非抑制它們。所幸,這種問題並不是從事軟體開發的組織所特有的,而且已經有許多偉大的思想家在這方面努力過。E. F. Schumacher 在他的經典名著《*Small is Beautiful: Economics as if People Mattered*》中,提出了一個組織企業的理論,可以讓勞工激發出最多的創意和樂趣,他的第一個原則,就是教宗碧岳十一世(Pope Pius XI)在《四十年》通諭(Encyclical *Quadragesimo Anno*)中所提到的「輔助功能原則」(Principle of Subsidiary Function):

> 把基層、下屬單位所能夠做的事情全部都拿到高層、上級單位去做,那便是一種不公道的事,同時也是一種嚴重的罪惡、一種擾亂正常秩序的事。一切的社會活動,都應該本著初衷,幫助每一個構成社會團體的分子,絕對不要去消滅和併吞他們……當權者應該明瞭,越能在輔助功能原則之下,圓滿地把各個層級之間的秩序維繫住,那麼社會的威信和效能就會越強,整個國家就會變得越快樂、越欣欣向榮。[19]

Schumacher 接著闡釋:

> 輔助功能原則告訴我們,假如能夠小心地維持基層的自主與責任,領導中心將在威信與效能上獲益,其結果是整個組織「越快樂、越欣欣向榮」。

> 如何做到像這樣的組織結構呢?……大型組織是由許多半自治的單位所組成的,也許可以稱之為準公司(quasi-firm),每個準公司都保有相當大的自由,以造就出激發創意和創業精神的最大可

能性……每個準公司都必須有損益表和資產負債表。[20]

在軟體工程方面最令人興奮的進展之一，就是把這樣的組織理念付諸於實踐的早期階段。首先，微電腦革命造就了一個由上百個創業公司（start-up firm）所構成的新軟體產業，這些公司一開始都很小，並且標榜狂熱、自由和創意，現在，這個產業正在改變之中，有許多小公司被大公司購併，然而原來在小公司所強調的創新，其重要性是否已為這些人的併購者所了解，則仍待觀察。

更引人注目的，就是有些大公司的高級管理階層已經著手將權力下放給個別的軟體專案團隊，使他們在組織和責任上近似於 Schumacher 所謂的準公司，其結果也頗令他們驚喜。

微軟公司的 Jim McCarthy 曾經告訴我一段有關於他解放團隊的經驗：

> 每個專業團隊（30 到 40 人）都擁有屬於自己的一套功能特色、時程，甚至有自己的一套定義、開發、交貨的程序，以四到五個專業特長來編組，包括建構、測試、撰寫文件，自己裁決爭端，老闆可管不著。無論再怎麼強調授權、團隊自負成敗的重要性都不為過。

已退休的 IBM 軟體事業領導人 Earl Wheeler，他曾經著手將長久以來集中於 IBM 公司部門管理階層的權力給下放，他說：

> ［近幾年來］關鍵的動力就是權力下放，太神奇了！提升了品質、生產力、士氣。我們有的是小團隊，不受中央管制，但團隊必須有自己的一套流程，每個團隊的流程可能都不一樣。他們自己訂時程，也自然會感受到市場的壓力，這股壓力會促使他們靠

自己的手段去達成目標。

　　當然，透過與各個團隊成員的談話，可顯示出他們對享有自由與權力的感激，也可以得到實際上真正授權程度的保守估計，無論如何，授權明顯是走對方向的一步，所產生的好處確實如碧岳十一世所料：藉由授權，領導中心在威信上得到了實質上的效益，而整個組織也變得越快樂、越欣欣向榮。

最大的驚奇是什麼？電腦大量普及

每個跟我聊過天的軟體界前輩都承認深深為這樣的驚奇所著迷，也就是微電腦革命，其造就出來的套裝軟體產業，毫無疑問是自《人月神話》之後這二十年間的重大變化，這對軟體工程而言隱含了許多意義。

微電腦革命改變了每個人使用電腦的方式　早在 20 多年前，Schumacher 就提出了以下質疑：

> 我們真正想從科學家和技術專家身上得到的是什麼呢？我大概可以這麼說：我們需要的方法和技術是
> - 便宜到每個人都負擔得起；
> - 即使是小型的應用也很合用；
> - 能夠配合人類創作的需要。[21]

　　這些剛好就是微電腦革命為電腦產業及其使用者所帶來的驚奇特質，這是今天大家都知道的事。現在，一般的老百姓不但買得起一台屬於個人專用的電腦，也買得起一套在 20 年前得擁有皇帝的薪水才

買得起的軟體。Schumacher 所提出來的每一項目標都值得我們深思，每一項實現的程度都值得我們玩味，特別是最後一項，不論是哪個領域，即使是普通人也可以和專家們一樣，運用這些新的自我表達方式。

跟軟體創作一樣，其他領域也得到了部分的進展——解除了附屬性的難題。就撰寫稿件而言，若要將更改過的內容納入，在以往都伴隨著花錢耗時重新打字的僵化做法，一個 300 頁份量的工作，可能每三到六個月就得忍受再打一遍，而這段期間，你只能不斷地在文稿中加上標記，至於推理的邏輯和語句的節奏，則很難去估計哪些修改已經完成。現在，文稿的修改已經轉變到非常容易的地步。[22]

對其他許多創作介質（medium）而言，電腦也帶來了類似的可塑性：藝術畫作、建築計畫、機械繪圖、音樂作曲、攝影相片、視訊錄影、幻燈片展示、多媒體製作，甚至試算表，無論哪一種，若靠手工製作，即使一點點的修飾，連帶其他沒有變動的部分，也都需要一起重新複製，以便於觀察修改後的整體效果。現在，分時（time-sharing）機制造就出軟體創作的方式——可以即時修改和評估成果，也不致於喪失人們思考的連貫性，無論是哪一種介質，我們都享受到同樣的好處。

創造力也因新式而富彈性的輔助工具而得到提升。以寫作為例，我們現在可以得到的幫助像是拼字檢查器、文法檢查器、文體建議器、目錄產生器，更棒的，就是可以預覽最後的成果，這還不包括在百科全書或無窮無盡的全球廣域網路（World-Wide Web）資源中，允許作家們做即時搜尋所可能帶來的好處。

最重要的，就是當一項創作剛要成形的時候，透過介質的新可塑性，使得針對各種不同極端做法的探索變為可行，這是由量變引起質

變的另一個例子,許多數量上的嘗試都不再需要耗費大量時間,從而改變了人們的工作方式。

　　繪圖工具的運用,使建築設計師可以在相同的創作時間之內,探索更多的選擇方案;電腦與電子合成音響的結合,加上自動產生或演奏樂譜的軟體,使鍵盤上的即興創作很輕易地就可以加以捕捉;數位攝影的手法加上 Adobe Photoshop,使以往在暗房裏要花幾個小時的嘗試,現在只要花幾分鐘就可以做出來;試算表則很容易就可以探究許多「假如……會如何」的各種可能情況。

　　最後,從前無法實現的創作介質也因無所不在的個人電腦而變為可行,Vannevar Bush 在 1945 年所提出來的超文件(hypertext),現在只用個人電腦就實現了。[23] 多媒體的展現方式和體驗更是不得了——這在不久之前還是很難的事——現在都因個人電腦以及豐富、便宜的軟體而變得非常普遍。虛擬實境(virtual-environment)系統目前還不便宜,也不普遍,但未來會的,它終必成為另一個創作介質。

微電腦革命改變了每個人開發軟體的方式　1970 年代的軟體開發程序也因微電腦革命,以及促成革命的技術進展而起了變化,許多存在於軟體開發流程中的附屬性難題都已經排除,快速的個人電腦目前是開發人員很普遍的工具,回覆時間幾乎成了落伍的概念,當今的個人電腦不但比 1960 年的超級電腦快,甚至比 1985 年的 Unix 工作站還快,這一切都意味著即使在一台很普通的機器上進行編譯也花不了多少時間,高容量的記憶體使我們不必把時間浪費在以磁碟為基礎的連結動作上,就算將符號表(symbol table)跟目的碼(object code)統統放進記憶體也變得很合理,於是不必重新編譯就可進行高階除錯已經是很稀鬆平常的事。

在過去這 20 年間,我們已經進展到幾乎完全透過分時機制來創作軟體,在 1975 年,分時機制才剛剛把當時非常普遍的整批計算技術給取代掉,而那時的網路則是為了用來提供軟體開發人員共享檔案和威力強大的編譯、連結、測試引擎,今天,個人工作站本身就具備了這類運算引擎,網路則主要是用在存取並共享團隊開發過程中的工作成果,主從式系統(client-server system)使得登入、編譯連結,以及應用測試案例這些共享的存取動作,都可以透過一種完全不同並且更為簡單的程序來完成。

在使用者介面方面,類似的進展也已發生,WIMP 介面使程式的編寫更為便捷,差不多就跟寫作文一樣方便,24 列、72 行的螢幕已經淘汰,取而代之的是整頁或甚至雙頁的螢幕,所以程式設計師已可看到更多正在修改中的內容。[24]

全新的軟體產業 ── 套裝軟體

在傳統軟體產業旁邊,現在爆發出另外一種型態的產業,產品銷售的單位是成百成千,甚至是以百萬計,想要擁有一整套豐富的軟體產品,其花費比支付程式設計師一天的薪水還要少。這兩個產業在許多方面並不相同,但是共存。

傳統軟體產業 在 1975 年,整個軟體產業可歸納出幾個不同的組成要素,這幾個要素到今天都還存在著:

● 電腦供應商,提供作業系統、編譯器,也為他們賣的產品提供工具。

● 應用軟體使用者,像是某些公共事業的管理資訊系統(MIS)工

作室、銀行、保險公司,以及政府機關,他們自己開發應用軟體
來給自己使用。

● 客製化應用軟體的開發者,他們透過簽約的方式,專為使用者打
造特殊用途的軟體,這些承包商有很多都精通於做國防應用的案
子,這方面的需求、標準和行銷手法也都非常獨特。

● 商業套裝軟體的開發者,那時候幾乎都是專門為某個特別的市場
開發大型的應用軟體,像是統計分析套裝軟體和電腦輔助設計
(CAD)系統。

Tom DeMarco 觀察到傳統軟體產業的解體,特別是應用軟體使用
者這部分:

> 這真是始料未及:這個行業已經是看利基(niche)來切分的,你
> 該怎麼做,多半是看這利基代表的是什麼樣的功能,而不是去看
> 用途是在哪個通用的系統分析方法、語言和測試技術。 Ada 是最
> 後的通用性語言,它已經轉變成一種利基語言了。

[譯註]
「利基」是市場中較小的一塊區隔,其中的消費者有其獨特且完整的
一組需求,若能專精於該領域,使這群顧客得到最佳的滿足,便可在
這一塊獨特的市場中掌握住局部的競爭優勢,創造利益。

在一般商業應用的利基中,第四代語言(4GL)已成就了巨大的
貢獻, Boehm 說:「大部分成功的第四代語言,是某些人對某個應
用領域中的一小部分進行歸納整理後,以選項或參數的形式來呈現所
得到的結果。」這些第四代語言最普遍的就是應用程式產生器,以及

與查詢語言（inquiry language）相結合的資料庫通訊套裝軟體。

作業系統的世界已經合併 在 1975 年，作業系統非常多：每個硬體供應商都會為每一條產品線規劃至少一套專用的作業系統，其中還有許多是擁有兩套的。今天可完全不同囉！開放式系統（open system）成了口號，應用套裝軟體的市場只剩下五大作業系統環境（按照年代順序排列）：

- IBM 的 MVS 和 VM 環境
- DEC 的 VMS 環境
- Unix 環境，包括這一系列的各種版本
- IBM 個人電腦環境，不論 DOS、OS-2 或 Windows 都是
- 蘋果公司的麥金塔環境

套裝軟體產業 對處在套裝軟體產業中的開發者而言，財務上已跟傳統產業完全不同：開發成本被幾個大的部分來瓜分，其中包裝和行銷就佔了很高的比例。以往的傳統產業在開發組織內應用軟體（in-house application）時，時程和功能的細節是可以妥協的，開發成本則可能無法妥協，但在極端競爭的開放市場裏，時程和功能卻對開發成本有著極大的影響力。

如同你將看到的，這種截然不同的財務結構已促成了另一種不同型態的軟體開發文化的誕生，傳統產業多半是由大型公司所支配，這些大型公司都各有其根深柢固的管理風格和工作文化，但是在另一方面，由上百個創業公司帶頭的套裝軟體產業，他們不受任何羈絆，並把焦點集中放在把事情做成功，而不是放在程序上。在這樣的氣候之下，程式設計師個人的天分通常會得到更多的肯定，這意味著偉大的

設計出自於偉大設計師的覺醒，這種創業文化，使企業有能力按照個人貢獻的多寡來回饋明星好手，而傳統的軟體產業，受限於公司裏的倫理和薪資管理規劃，通常是難以辦到的。許多新時代的新星已深受套裝軟體產業的吸引，這一點都不奇怪。

外購與自製——套裝軟體組件

要徹底追求更穩健的軟體和更佳的生產力，唯一的辦法就是提升層次，透過模組或物件的組合來製作軟體。善用大眾市場上的套裝軟體便是一個非常大有可為的趨勢，把它當作更豐富、更能開發出客製化產品的平台，貨運追蹤系統可以結合套裝資料庫和通訊套裝軟體來完成，學生資訊系統也一樣。在電腦雜誌的宣傳廣告上，已提供了上百個 Hypercard stack 和 Excel 的自訂範本、一大堆以 Pascal 寫成的 MiniCad 特殊函式，或是以 AutoLisp 寫好的 AutoCad 功能。

中介程式設計　開發 Hypercard stack 、 Excel 範本或 MiniCad 這類函式，有時稱之為中介程式設計（metaprogramming），也就是為套裝軟體的某一小部分特定的顧客群而新打造出來的一層量身訂做的函式。中介程式設計其實並不算什麼新概念，只是換了個名稱再發揚光大罷了，在 1960 年代早期，許多電腦供應商和大型 MIS 工作室中，就已經有一小群專家在組合語言巨集之外精巧地製作出一整套的應用程式設計語言。伊士曼柯達公司的 MIS 工作室就擁有一套，供他們組織內部使用，它是以 IBM 7080 巨集組譯器（macroassembler）為基礎所定義出來的；類似的還有 IBM 的 OS/360 Queued Telecommunications Access Method ，跟機器層級的指令相比，它可以讓你看懂更多組合

語言的電信程式。現在，中介程式設計師所提供的概念單位（chunk）已經比這些巨集大了好幾倍，流通市場（secondary market）的發展也正積極地助長之中──當我們專注於期待 C++ 的類別開發將創造出驚人的市場時，具備可再用性的中介程式市場也正悄悄地成長。

這才是真正切入本質的行動　由於建立在套裝軟體上的現象到今天還沒有影響到一般的 MIS 程式設計師，所以這方面也尚未明顯地見諸於軟體工程的學科之中，無論如何，它將會迅速地成長，因為它真正切入了讓概念具體成形的本質。套裝軟體提供了大的功能模組，不但製作精細，而且具備了適當的介面，於是介面裏的概念結構也就一點也不需要再花功夫設計了。功能高階的軟體產品像是 Excel 或 4th Dimension ，雖然的確是個大模組，但眾所皆知，它們在支援開發客製化系統時所呈現出來的是個文件齊全、通過測試的模組。次一階的應用軟體開發者也得到了豐富的功能、較短的開發時程、通過測試的組件、更好的文件，與極低的成本。

　　不過，由於套裝軟體是被設計成一個非常獨立的個體，可想而知，困難就在於中介程式設計師無法改變它的功能和介面。更糟、更嚴重的是，套裝軟體的開發人員顯然沒有足夠的誘因去把他們的產品做成適用於大型系統中的模組，我認為這樣的認知是錯誤的，設計出能夠讓中介程式設計師方便運用的套裝軟體，這方面存在著一塊尚未開發的市場。

所以，需要的是什麼？　我們可以確認出四個階層的套裝軟體使用者：

● 　一般使用者，他們用最直覺的方式來使用軟體，滿意於設計者所提供的許多功能和介面。

- 中介程式設計師，他們運用套裝軟體所提供的介面，開發出某個
單一應用上的範本或函式，基本上就是要讓最終使用者的工作能
夠更省事。

- 外部功能創作者，他們純粹以手工打造程式，透過對外呼叫由通
用型語言所寫成的獨立程式模組，來為應用軟體添加功能，在本
質上，就是在創造新的應用語言元素。他們需要的是能夠把這些
新功能加入到應用軟體介面的能力，像是攔截命令（intercepted
command）、回呼函式（callback）、多載函式（overloaded
function）。

- 也是中介程式設計師，他們運用一個或特別幾個應用軟體，以之
做為更大型系統裏的組件，這一類使用者的需求是今天比較未能
滿足的，這方面也是在開發新應用軟體時，保證能夠獲得實質效
益的運用。

對最後一類使用者而言，套裝軟體需要以額外的文件來說明另一
組介面，亦即中介程式設計介面（metaprogramming interface, MPI），
這需要具備幾項能力。首先，中介程式設計必須要能控制各個應用軟
體之間彼此搭配的整體效果，然而，通常每個應用軟體都會假設一切
都是處在它自己的控制之下。此外，整合好的系統必須能控制使用者
介面，但每個應用軟體也都會假設是它正在處理這樣的事。當接收到
使用者下達的命令字串時，整合系統必須能觸發任何應用軟體的功
能，它也必須能接收應用軟體的輸出結果，彷彿就在螢幕上看到一
般，只不過它得將輸出結果的語意解譯出來，並轉化為邏輯上適合的
資料型別單位，而不是僅做純顯示用途的文字字串。有些應用軟體，
像是 FoxPro，它提供的 wormhole 就是針對這樣的需要而做出來的特

殊設計方式，可以讓你將一個命令字串傳送進去，不過wormhole 傳出來的資訊較為簡陋，也並未解譯出語意。

　　為了在整合系統中控制各個應用軟體之間的交互作用，運用描述語言（scripting language）是非常具有威力的做法。Unix 率先提供了這種功能，用以搭配它的管道（pipe）以及標準的ASCII 字串檔案格式，當今的 AppleScript 則是另一個更好的例子。

軟體工程的現況與未來

有一次，我問Jim Ferrell ，也就是北卡羅萊納州立大學化學工程系的系主任，請教他有別於化學的化工歷史，他隨即做了為時一個鐘頭的精彩即席說明，從古早就存在的許多生成物的各種不同製造過程開始，從鋼鐵，到麵包，到香水，還有Arthur D. Little 博士如何在 1918 年於麻省理工學院創建工業化學系，去追尋、發展，並傳授一個共通適用於所有過程的技術基礎，最早是僅憑經驗的簡陋方法，然後有了實驗的圖表，接下來有了設計某種特定成分的公式，最後得到了單一容器內，熱傳（heat transport）、質傳（mass transport）、動量傳送（momentum transport）的數學模型。

　　聽完 Ferrell 的說明之後，我驀然發現當初化學工程的發展跟五十幾年後的軟體工程有許多類似之處。Parnas 提醒我別亂用軟體工程這個字眼，他把軟體的學科跟電子工程對照，感覺那其實是一種推論的說法，才被稱為我們所謂的「工程」。也許他是對的，這領域也許不會發展成像電子工程般具有明確的、一切都是以數學為基礎的一個工程學科，但畢竟，軟體工程跟化學工程一樣，所做的都是將非線性的問題擴展至工業尺度的程序，也像工業工程一樣，因為人類行為

的複雜性而永遠混沌不清。

儘管如此，化學工程的演進歷史讓我相信才 27 歲的軟體工程可能並不是那麼地毫無希望，只是還不成熟罷了，就像 1945 年那時的化學工程一樣，當時第二次世界大戰才剛剛結束，化學工程師們實際上正專注於封閉迴圈交互作用的持續流動式系統（closed-loop interconnected continuous-flow system）中的行為。

屬於軟體工程獨特的地方，正是我們在第 1 章所提出來的：

● 如何開發並設計出一組程式，使之成為一個系統

● 如何開發並設計出一個程式或一個系統，使之成為一個穩健、測試完成、文件齊全、可維護的產品

● 如何維持在智能上掌握住大型專案裏的複雜性

軟體工程的焦油坑還有好長一段艱險的道路要走，期望在這條路上，人類能夠認清自己的限制，但又不受限制所限，勇於繼續嘗試。軟體系統大概是人類創作中最錯綜複雜的東西，而這個複雜的技藝，將促使我們對這個學科持續不斷地發展，學習用更大的模組來堆砌，善用新的工具，盡我們所能去適應通過考驗的工程管理方法，自由地應用一般的常識，以及上帝所賜予我們認知到自己不免犯錯與不足的謙卑。

後記
充滿驚奇、刺激與喜悅的五十年

1944 年 8 月 7 日——當我 13 歲的時候——哈佛馬克一號（Harvard Mark 1）電腦研製成功，在讀完這則報導之後的那份驚奇與喜悅，至今仍然鮮明地烙印在我腦海之中。擔任這個令人讚嘆的電子機械玩意兒的架構設計師是 Howard Aiken，細部設計則是由 IBM 的工程師 Clair Lake、Benjamin Durfee 和 Francis Hamilton 所完成的。同樣讓我驚異到不能自己的，是讀到 1945 年 4 月《大西洋月刊》（*Atlantic Monthly*）上由 Vannevar Bush 所寫的一篇文章〈That We May Think〉，他在文中提出了一個把知識組織成大型超文件（hypertext）網路的做法，使用者可以在機器上根據現存的鏈結記號來追蹤資料，並引出可以追蹤到其他相關資料的鏈結記號。

我對電腦的狂熱到 1952 年又達到了另外一個巔峰，記得那一年的暑期是在紐約 Endicott 的 IBM 打工，從那份工作中，我得到了編寫 IBM 604 程式的實際經驗，也學會了編寫 IBM 701 的正式指令，701 是 IBM 的第一個內存程式（stored-program）電腦。攻讀研究所時，在哈佛的 Aiken 與 Iverson 的薰陶之下，使我的電腦生涯夢想成真，並且從此與我的人生密不可分。人類的所為其實很渺小，一切都源自於上帝賜予人們充實精神糧食的權利，因而為了狂熱，每個人都擁有樂於追求的自由，我滿心感激。

很難想像，身為一個電腦狂熱份子曾經享受著多少令人興奮的時光，從真空管，到電晶體，到積體電路，技術不斷地爆炸進步。我工作上使用的第一部電腦是 IBM 7030 Stretch 超級電腦，那時我是個剛從哈佛畢業不久的新鮮人。Stretch 自 1961 至 1964 年間是以當時速度最快的電腦獨霸於世，總共出產了九台。今天，我那台麥金塔 Powerbook 不僅速度更快、記憶體更多、硬碟更大，而且還便宜了一千倍（如果當時的幣值到今天都沒變的話就是五千倍）。我們依序見證了電腦革命、電子電腦革命、迷你電腦革命，以及微電腦革命，每一次革命都造就了更多的電腦，多到是一個數量級的提升。

與電腦相關的知識學科也跟技術一樣是爆炸性成長，在 1950 年代中期，當我還是個研究生的時候，我可以讀完當時全部的期刊和研討會論文集，也可以跟得上當時全部學科的發展潮流。今天，從我知識涉獵的狀況，就可以看出我已經遺憾地跟許多有興趣的次要學科一個個說拜拜了，除了專精的部分之外，能投資分配的時間和精力永遠都不夠用，有太多興趣、太多令人興奮的學習、研究和思考的機會，這是多麼不可思議的窘境啊！這不僅僅是看不到終點，進步的速度也從未減緩下來。未來，我們的樂趣可多著。

註解與參考資料

第 1 章

1. Ershov 認為這不僅是個苦難，也是樂趣的一部分 。 A. P. Ershov, "Aesthetics and the human factor in programming," *CACM*, **15**, 7(July, 1972), pp. 501-505.

第 2 章

1. 貝爾電話實驗室的 V. A. Vyssotsky 估計就一個大型專案而言，每年應可承受百分之三十的人員儲訓工作，超過這個數字，就會扭曲甚至阻礙必要的非正式組織（informal structure）的發展，以及第 7 章所討論的溝通管道。

   麻省理工學院的 F. J. Corbató 指出，在一個期程很長的專案中，每年必須預留百分之二十的人員流動彈性，而這必須包括技術上的訓練，以及整合到正式組織的代價。

2. 國際電腦有限公司的 Charles Portman 說：「當所有的東西看起來都已經可以運作，都整合在一起的時候，你起碼還有四個月的事情要做。」對於時程的配置，還有一些其他的比例組合出現在下列文章中，Wolverton, R. W., "The cost of developing large-scale software," *IEEE Trans. on Computers*, **C-23**, 6(June, 1974), pp. 615-636.

3. 圖 2.5 到圖 2.8 是 Jerry Ogdin 的功勞，他引用了我所發表的一篇關於本章的早期文章，然後大幅改良了它的說明。Ogdin, J. L., "The Mongolian hordes versus superprogrammer," *Infosystems* (Dec., 1972), pp. 20-23.

第 3 章

1. Sackman, H., W. J. Erikson, and E. E. Grant, "Exploratory experimental studies comparing online and offline programming performance," *CACM*, **11**, 1(Jan., 1968), pp. 3-11.

2. Mills, H., "Chief programmer teams, principles, and procedures," IBM Federal Systems Division Report FSC 71-5108, Gaithersburg, Md., 1971.

3. Baker, F. T., "Chief programmer team management of production programming," *IBM Sys. J.*, **11**, 1(1972).

第 4 章

1. Eschapasse, M., *Reims Cathedral*, Caisse Nationale des Monuments Historiques, Paris, 1967.

2. Brooks, F. P., "Architectural Philosophy," in W. Buchholz(ed.), *Planning A Computer System*. New York: McGraw-Hill, 1962.

3. Blaauw, G. A., "Hardware requirements for the fourth generation," in F. Gruenberger (ed.), *Fourth Generation Computers*. Englewood Cliffs, N. J.: Prentice-Hall, 1970.

4. Brooks, F. P., and K. E. Iverson, *Automatic Data Processing, System/360 Edition*. New York: Wiley, 1969, Chapter 5.

5. Glegg, G. L., *The Design of Design*. Cambridge: Cambridge Univ. Press, 1969, 在這份文獻中提到：「把任何規定或原則加諸在創造性的思維上，乍看之下似乎是一種阻礙，而無助益，但在實務上完全不是這樣，在規範之下進行思考反而會激發靈感，而非阻礙靈感。」

6. Conway, R. W., "The PL/C Compiler," *Proceedings of a Conf. on Definition and Implementation of Universal Programming Languages*. Stuttgart, 1970.

7. 有關程式設計技術的必備事項，以下的資料有很棒的討論。 C. H. Reynolds, "What's wrong with computer programming management?" in G. F.

Weinwurm (ed.), *On the Management of Computer Programming*. Philadelphia: Auerbach, 1971, pp. 35-42.

第 5 章

1. Strachey, C., "Review of *Planning a Computer System*," *Comp. J.*, **5**, 2(July, 1962), pp. 152-153.

2. 這只有就控制程式來說是這樣，對某些編譯器團隊來說，OS/360 算是他們的第三或第四系統，這可從他們優秀的產品中看出來。

3. Shell, D. L., "The Share 709 system: a cooperative effort"; Greenwald, I. D., and M. Kane, "The Share 709 system: programming and modification"; Boehm, E. M., and T. B. Steel, Jr., "The Share 709 system: machine implementation of symbolic programming"; all in *JACM*, **6**, 2(April, 1959), pp. 123-140.

第 6 章

1. Neustadt, R. E., *Presidential Power*. New York: Wiley, 1960, Chapter 2.

2. Backus, J. W., "The syntax and semantics of the proposed international algebraic language." *Proc. Intl. Conf. Inf. Proc. UNESCO*, Paris, 1959, published by R. Oldenbourg, Munich, and Butterworth, London. 除此之外，以下這份文獻完整蒐集了有關這個主題的論文。T. B. Steel, Jr. (ed.), *Formal Language Description Languages for Computer Programming*. Amsterdam: North Holland, (1966).

3. Lucas, P., and K. Walk, "On the formal description of PL/I," *Annual Review in Automatic Programming Language*. New York: Wiley, 1962, Chapter 2, p. 2.

4. Iverson, K. E., *A Programming Language*. New York: Wiley, 1962, Chapter 2.

5. Falkoff, A. D., K. E. Iverson, E. H. Sussenguth, "A formal description of System/360," *IBM Systems Journal*, **3**, 3(1964), pp. 198-261.

6. Bell, C. G., and A. Newell, *Computer Structures*. New York: McGraw-Hill, 1970, pp. 120-136, 517-541.

7. Bell, C. G., 私人談話。

第 7 章

1. Parnas, D. L., "Information distribution aspects of design methodology," Carnegie-Mellon Univ., Dept. of Computer Science Technical Report, February, 1971.

2. Copyright 1939, 1940 Street & Smith Publications, Copyright 1950, 1967 by Robert A. Heinlein. Published by arrangement with Spectrum Literary Agency.

第 8 章

1. Sackman, H., W. J. Erikson, and E. E. Grant, "Exploratory experimentation studies comparing online and offline programming performance," *CACM*, **11**, 1(Jan., 1968), pp. 3-11.

2. Nanus, B., and L. Farr, "Some cost contributors to large-scale programs," *AFIPS Proc. SJCC*, **25**, (Spring, 1964), pp. 239-248.

3. Weinwurm, G. F., "Research in the management of computer programming," Report SP-2059, System Development Corp., Santa Monica, 1965.

4. Morin, L. H., "Estimation of resources for computer programming projects," M. S. thesis, Univ. of North Carolina, Chapel Hill, 1974.

5. Portman, C., 私人談話。

6. 1964 年，E. F. Bardain 在一份未發表的研究中指出，程式設計師真正在工作的時間是佔 27%。（這後來被引用在 D. B. Mayer and A. W. Stalnaker, "Selection and evaluation of computer personnel," *Proc. 23rd ACM Conf.*, 1968, p.661.）

7. Aron, J., 私人談話。

8. 這篇論文是在小組分會中提出的，並未收錄在 *AFIPS* 論文集中。

9. Wolverton, R. W., "The cost of developing large-scale software," *IEEE Trans. on Computers*, **C-23**, 6 (June, 1974) pp. 615-636. 這篇近期發表的重要論文包含了許多與本章議題相關的數據，同時也證實了生產力方面的結論。

10. Corbató, F. J., "Sensitive issues in the design of multi-use systems," 這是 1968 年在 Honeywell EDP 技術中心開幕時的演講。

11. W. M. Taliaffero 也指出，組合語言、Fortran 和 Cobol 程式的生產力固定是每人年 2400 行，請參考 "Modularity. The key to system growth potential," *Software*, **1**, 3 (July 1971) pp. 245-257.

12. E. A. Nelson's System Development Corp. Report TM-3225, *Management Handbook for the Estimation of Computer Programming Costs*，雖然這篇文獻所用的標準差（standard deviation）較大，但仍然顯示出用與不用高階語言，生產力會有 3 比 1 的差距（pp. 66-67）。

第 9 章

1. Brooks, F. P. and K. E. Iverson, *Automatic Data Processing, System/360 Edition*. New York: Wiley, 1969, Chapter 6.

2. Knuth, D. E., *The Art of Computer Programming*, Vols. 1-3. Reading, Mass.: Addison-Wesley, 1968, ff.

第 10 章

1. Conway, M. E., "How do committees invent?" *Datamation*, **14**, 4 (April, 1968), pp. 28-31.

第 11 章

1. Roosevelt, F. D. 於 1932 年 5 月 22 日在 Oglethorpe 大學的演講。

2. 以下這份文獻說明了 Multics 兩個後續系統的經驗。F. J. Corbató, J. H. Saltzer, and C. T. Clingen, "Multics—the first seven years," *AFIPS Proc SJCC*, **40** (1972), pp. 571-583.

3. Cosgrove, J., "Needed: a new planning framework," *Datamation*, **17**, 23 (Dec., 1971), pp. 37-39.

4. 設計改變其實是很複雜的事情，這裏我是過度簡化了，請參考 J. H. Saltzer, "Evolutionary design of complex systems," in D. Eckman (ed.), *Systems: Research and Design*. New York: Wiley, 1961. 但即使所有的事情都該說的說、該做的也做了，我仍然主張把一次必然會將之拋棄的試探性系統納入正式計畫之中。

5. Campbell, B., "Report to the AEC Computer Information Meeting," December, 1970. 這個現象在以下這份文獻中也有討論，J. L. Ogdin in "Designing reliable software," *Datamation*, **18**, 7 (July, 1972), pp. 71-78. 至於曲線最後是否又會再下降，我那些經驗豐富的朋友們則是各有各的說法。

6. Lehman, M., and L. Belady, "Programming system dynamics," given at the ACM SIGOPS Third Symposium on Operating System Principles, October, 1971.

7. Lewis, C. S., *Mere Christianity*. New York: Macmillan, 1960, p. 54.

第 12 章

1. 也可參考 J. W. Pomeroy, "A guide to programming tools and techniques," *IBM Sys. J.*, **11**, 3 (1972), pp. 234-254.

2. Landy, B., and R. M. Needham, "Software engineering techniques used in the development of the Cambridge Multiple-Access System," *Software*, **1**, 2 (April, 1971), pp. 167-173.

3. Corbató, F. J., "PL/I as a tool for system programming," *Datamation*, **15**, 5

(May, 1969), pp. 68-76.

4. Hopkins, M., "Problems of PL/I for system programming," IBM Research Report RC 3489, Yorktown Heights, N. Y., August 5, 1971.

5. Corbató, F. J., J. H. Saltzer, and C. T. Clingen, "Multics—the first seven years," *AFIPS Proc SJCC*, **40** (1972), pp. 571-582.「僅有少數以 PL/I 所寫的程式會為了追求最佳的效能而用機器語言改寫，倒是某些原來用機器語言所寫的程式為了使它更容易維護而已經用 PL/I 改寫了。」

6. 引用第 3 項參考文獻中，由 Corbató 所寫的文章：「PL/I 是現成的，而其他的選擇都還沒有通過驗證。」但請參考下面這篇持相反意見的好文章，Henricksen, J. O. and R. E. Merwin, "Programming language efficiency in real-time software systems," *AFIPS Proc SJCC*, **40** (1972) pp. 155-161.

7. 這說法並非人人都同意，在一次私下談話中，Harlan Mills 說：「我的經驗開始告訴我，就軟體開發而言，被安排到最終端的人是祕書，這構想就是要透過眾多團隊成員的共同審查，使編寫程式成為一項更公開的工作，而非個人的技藝。」

8. Harr, J., "Programming Experience for the Number 1 Electronic Switching System," paper given at the 1969 SJCC.

第 13 章

1. Vyssotsky, V. A., "Common sense in designing testable software," 這是 1972 年在 Chapel Hill 電腦程式測試方法研討會（The Computer Program Test Methods Symposium）中的演講。Vyssotsky 大部分的演講都收錄在 Hetzel, W. C. (ed.), *Program Test Methods*. Englewood Cliffs, N. J.: Prentice-Hall, 1972, pp. 41-47.

2. Wirth, N., "Program development by stepwise refinement," *CACM* **14**, 4 (April, 1971), pp. 221-227. 也請參考 Mills, H. "Top-down programming in large systems," in R. Rustin (ed.). *Debugging Techniques in Large Systems*.

Englewood Cliffs, N. J.: Prentice-Hall, 1971, pp. 41-55 以及 Baker, F. T., "System quality through structured programming," *AFIPS Proc FJCC*, **41-I** (1972), pp. 339-343.

3. Dahl, O. J., E. W. Dijkstra, and C. A. R. Hoare, *Structured Programming*. London and New York: Academic Press, 1972. 這份資料包含了最完整的方法。也請參考 Dijkstra 的早期文章，"GOTO statement considered harmful," *CACM*, **11**, 3 (March, 1968), pp. 147-148.

4. Böhm, C., and A. Jacopini, "Flow diagrams, Turing machines, and languages with only two formation rules," *CACM*, **9**, 5 (May, 1966), pp. 366-371.

5. Codd, E. F., E. S. Lowry, E. McDonough, and C. A. Scalzi, "Multiprogramming STRETCH: Feasibility considerations," *CACM*, **2**, 11 (Nov., 1959), pp. 13-17.

6. Strachey, C., "Time sharing in large fast computers," *Proc. Int. Conf. on Info. Processing*, UNESCO (June, 1959), pp. 336-341. 也請參考 Codd 在這份文獻中第 341 頁的評論，對於 Strachey 於文中所提出的內容，Codd 在評論中報告了相關的進展狀況。

7. Corbató, F. J., M. Merwin-Daggett, R. C. Daley, "An experimental time-sharing system," *AFIPS Proc. SJCC*, **2**, (1962), pp. 335-344. 轉載於 S. Rosen, *Programming Systems and Languages*. New York: McGraw-Hill, 1967, pp. 683-698.

8. Gold, M. M., "A methodology for evaluating time-shared computer system usage," Ph. D. dissertation, Carnegie-Mellon University, 1967, p. 100.

9. Gruenberger, F., "Program testing and validating," *Datamation*, **14**, 7, (July, 1968), pp. 39-47.

10. Ralston, A., *Introduction to Programming and Computer Science*. New York: McGraw-Hill, 1971, pp. 237-244.

11. Brooks, F. P., and K. E. Iverson, *Automatic Data Processing, System/360*

Edition. New York: Wiley, 1969, pp. 296-299.

12. 以下這份文獻對規格的制定以及系統的開發和測試提供了一個不錯的方法，F. M. Trapnell, "A systematic approach to the development of system programs," *AFIPS Proc SJCC*, **34** (1969) pp. 411-418.

13. 即時系統將需要一個環境模擬器，例如，參考M. G. Ginzberg, "Notes on testing real-time system programs," *IBM Sys. J.*, **4**, 1 (1965), pp. 58-72.

14. Lehman, M., and L. Belady, "Programming system dynamics," given at the ACM SIGOPS Third Symposium on Operating System Principles, October, 1971.

第 14 章

1. 請參考C. H. Reynolds, "What's wrong with computer programming management?" in G. F. Weinwurm (ed.), *On the Management of Computer Programming*. Philadelphia: Auerbach, 1971, pp. 35-42.

2. King, W. R., and T. A. Wilson, "Subjective time estimates in critical path planning—a preliminary analysis," *Mgt. Sci.*, **13**, 5 (Jan., 1967), pp. 307-320, and sequel, W. R. King, D. M. Witterrongel, K. D. Hezel, "On the analysis of critical path time estimating behavior," *Mgt. Sci.*, **14**, 1 (Sept., 1967), pp. 79-84.

3. 有關更詳細的討論，請參考Brooks, F. P., and K. E. Iverson, *Automatic Data Processing, System/360 Edition*, New York: Wiley, 1969, pp. 428-430.

4. 私人談話。

第 15 章

1. Goldstine, H. H., and J. von Neumann, "Planning and coding problems for an electronic computing instrument," Part II, Vol. 1, report prepared for the U.S. Army Ordinance Department, 1947; reprinted in J. von Neumann, *Collected*

Works, A. H. Taub (ed.) Vol. V., New York: McMillan, pp. 80-151.

2. 私人談話，1957 年。這方面的主張發表於 Iverson, K. E., "The Use of APL in Teaching," Yorktown, N. Y.: IBM Corp., 1969.

3. 有關 PL/I 的另一些技巧，請參考 A. B. Walter and M. Bohl in "From better to best—tips for good programming," *Software Age*, **3**, 11 (Nov., 1969), pp. 46-50. 相同的技巧也可以運用在 Algol 上，甚至 Fortran 。Colorado 大學的 D. E. Lang 擁有一個稱為 STYLE 的 Fortran 格式化程式，可以達到上述的效果，也請參考 D. D. McCracken and G. M. Weinberg, "How to write a readable FORTRAN program," *Datamation*, **18**, 10 (Oct., 1972), pp. 73-77.

第 16 章

1. 這篇標題為〈沒有銀彈〉的文章出自於 Information Processing 1986, the Proceedings of the IFIP Tenth World Computing Conference, pp.1069-76.由 H. J. Kugler（1986）所編輯，並經過 IFIP 和 Elsevier Science B. V., Amsterdam, The Netherlands 的慷慨許可轉載。

2. Parnas, D. L., "Designing software for ease of extension and contraction," *IEEE Trans. on SE*, **5**, 2 (March, 1979), pp. 128-138.

3. Booch, G., "Object-oriented design," in *Software Engineering with Ada*. Menlo Park, Calif.: Benjamin/Cummings, 1983.

4. Mostow, J., ed., Special Issue on Artificial Intelligence and Software Engineering, *IEEE Trans. on SE*, **11**, 11 (Nov., 1985).

5. Parnas, D. L., "Software aspects of strategic defense systems," *Communications of the ACM*, **28**, 12 (Dec., 1985), pp. 1326-1335.也出自於 *American Scientist*, **73**, 5 (Sept.-Oct., 1985), pp. 432-440.

6. Balzer, R., "A 15-year perspective on automatic programming," 參考上述 Mostow 的論文。

7. 參考上述 Mostow 的論文。

8. 參考上述 Parnas 於 1985 年的論文。

9. Raeder, G., "A survey of current graphical programming techniques," in R. B. Grafton and T. Ichikawa, eds., Special Issue on Visual Programming, *Computer*, **18**, 8 (Aug., 1985), pp. 11-25.

10. 這個主題是在本書的第 15 章討論的。

11. Mills, H. D., "Top-down programming in large systems," *Debugging Techniques in Large Systems*, R. Rustin, ed., Englewood Cliffs, N. J., Prentice-Hall, 1971.

12. Boehm, B. W., "A spiral model of software development and enhancement," *Computer*, **20**, 5 (May, 1985), pp. 43-57.

第 17 章

引用但未引證的材料是來自於私人談話。

1. Brooks, F. P., "No silver bullet—essence and accidents of software engineering," in *Information Processing 86*, H. J. Kugler, ed. Amsterdam: Elsevier Science (North Holland), 1986, pp. 1069-1076.

2. Brooks, F. P., "No silver bullet—essence and accidents of software engineering," *Computer* **20**, 4 (April, 1987), pp. 10-19.

3. 有些來信與回應刊登在 1987 年 7 月份的《*Computer*》雜誌。雖然〈沒有銀彈〉並未得獎，但非常高興 Bruce M. Skwiersky 對它的評論獲選為 1988 年《*Computing Reviews*》的最佳評論，這份獎項以及該評論被公布並轉載於 E. A. Weiss, "Editorial," *Computing Reviews* (June, 1989), pp. 283-284. 評論中有個重大錯誤：「六倍」應改為「10^6」。

4. 「根據亞里斯多德（Aristotle）和士林哲學（Scholastic philosophy）的說法，附屬性是一種不屬於事物根本或必要的性質，而是其他原因造成的影響才產生出來的性質。」*Webster's New International Dictionary of the English Language*, 2d ed., Springfield, Mass.: G. C. Merriam, 1960.

5. Sayers, Dorothy L., *The Mind of the Maker*. New York: Harcourt, Brace, 1941.

6. Glass, R. L., and S. A, Conger, "Research software tasks: Intellectual or clerical?" *Information and Management*, **23**, 4 (1992). 作者們報告在軟體需求規格方面,量測的結果大約是 80% 的智能工作和 20% 的文書工作。1979 年,Fjelstadt 和 Hamlen 在應用軟體維護方面,基本上也得到了相同的結果。至於從頭到尾的整個工作,據我的了解還沒有嘗試過任何量測。

7. Herzberg, F., B. Mausner, and B. B. Sayderman. *The Motivation to Work*, 2nd ed. London: Wiley, 1959. (有中譯本《兩因素理論》實學社出版)

8. Cox, B. J., "There is a silver bullet," *Byte* (Oct., 1990), pp. 209-218.

9. Harel, D., "Biting the silver bullet: Toward a brighter future for system development," *Computer* (Jan., 1992), pp. 8-20.

10. Parnas, D. L., "Software aspects of strategic defense systems," *Communications of the ACM*, **28**, 12 (Dec., 1985), pp. 1326-1335.

11. Turski, W. M., "And no philosophers' stone, either," in *Information Processing 86*, H. J. Kugler, ed. Amsterdam: Elsevier Science (North Holland), 1986, pp. 1077-1080.

12. Glass, R. L., and S. A. Conger, "Research software tasks: Intellectual or clerical?" *Information and Management*, **23**, 4 (1992), pp. 183-192.

13. *Review of Electronic Digital Computers, Proceedings of a Joint AIEE-IRE Computer Conference* (Philadelphia, Dec. 10-12, 1951). New York: American Institute of Electrical Engineers, pp. 13-20.

14. 同上,pp. 36, 68, 71, 97.

15. *Proceedings of the Eastern Joint Computer Conference*, (Washington, Dec. 8-10, 1953). New York: Institute of Electrical Engineers, pp. 45-47.

16. *Proceedings of the 1955 Western Joint Computer Conference* (Los Angeles, March 1-3, 1955). New York: Institute of Electrical Engineers.

17. Everett, R. R., C. A. Zraket, and H. D. Bennington, "SAGE—A data processing system for air defense," *Proceedings of the Eastern Joint Computer Conference*, (Washington, Dec. 11-13, 1957). New York: Institute of Electrical Engineers.

18. Harel, D., H. Lachover, A. Naamad, A. Pnueli, M. Politi, R. Sherman, A. Shtul-Trauring, "Statemate: A working environment for the development of complex reactive systems," *IEEE Trans. on SE*, **16**, 4 (1990), pp. 403-444.

19. Jones, C., *Assessment and Control of Software Risks*. Englewood Cliffs, N. J.: Prentice-Hall, 1994. P. 619.

20. Coqui, H., "Corporate survival: The software dimension," *Focus '89*, Cannes, 1989.

21. Coggins, James M., "Designing C++ libraries," *C++ Journal*, **1**, 1 (June, 1990), pp. 25-32.

22. 這句話用的是未來式。據我所知，對於第五次運用將會得到的這般結果，還沒有任何報告。

23. 參考上述 Jones 的書，p. 604.

24. Huang, Weigiao, "Industrializing software production," *Proceedings ACM 1988 Computer Science Conference*, Atlanta, 1988. 我擔心在這樣的安排下，會欠缺個人工作成長的機會。

25. 1994 年 9 月份的整個《*IEEE Software*》所談的全部都是「再利用」這個主題。

26. 參考上述 Jones 的書，p. 323.

27. 參考上述 Jones 的書，p. 329.

28. Yourdon, E., *Decline and Fall of the American Programmer*. Englewood Cliffs, N. J.: Yourdon Press, 1992, p. 221.（有中譯本《美國軟體界將面臨的衰亡》松崗出版）

29. Glass, R. L., "Glass" (column), *System Development*, (January, 1988), pp. 4-5.

第 18 章

1. Boehm, B. W., *Software Engineering Economics*, Englewood Cliffs, N. J.: Prentice-Hall, 1981, pp. 81-84.

2. McCarthy, J., "21 Rules for Delivering Great Software on Time," Software World USA Conference, Washington (Sept., 1994).

第 19 章

引用但未引證的材料是來自於私人談話。

1. 關於這個令人頭大的話題,也請參考 Niklaus Wirth "A plea for lean software," *Computer*, **28**, 2 (Feb., 1995), pp. 64-68.

2. Coleman, D., 1994, "Word 6.0 packs in features; update slowed by baggage," *MacWeek*, **8**, 38 (Sept. 26, 1994), p. 1.

3. 有關機器語言和程式語言命令方面的頻率,已經有許多產品上市之後的調查報告發表出來了,請參考 J. Hennessy and D. Patterson, *Computer Architecture*. 這些頻率數據對後續產品的開發是非常有用的,雖然它們並不見得完全適用。就我所知,並無有關任何產品設計之前的頻率估計發表出來,先驗(prior)的事前估計與後驗(posteriori)的實際數據之間的比較則更少。Ken Brooks 建議,網際網路(Internet)上的電子佈告欄是個便宜的方式,可以從新產品的可能使用者中探聽到一些數據,雖然那只是一小組自行上門發表的意見。

4. Conklin, J., and M. Begeman, "gIBIS: A Hypertext Tool for Exploratory Policy Discussion," *ACM Transactions on Office Information Systems*, Oct. 1988, pp. 303-331.

5. Engelbart, D., and W. English, "A research center for augmenting human intellect," *AFIPS Conference Proceedings, Fall Joint Computer Conference*, San Francisco (Dec. 9-11, 1968), pp. 395-410.

6. Apple Computer, Inc., *Macintosh Human Interface Guidelines*, Reading,

Mass.: Addison-Wesley, 1992.

7. 似乎 Apple Desk Top Bus 可以電子操控兩隻滑鼠，但作業系統並未提供任何這類的功能。

8. Royce, W. W., 1970. "Managing the development of large software systems: Concepts and techniques," *Proceedings, WESCON* (Aug., 1970), 轉載於 *ICSE 9 Proceedings* 。不論是 Royce 或其他人，都不相信不必重新修訂早期的文件而還可以走完整個軟體開發流程的；把這個模型擺在前頭，是為了做為一個典範，或是一個概念上的輔助。請參考 D. L. Parnas and P. C. Clements, "A rational design process: How and why to fake it," *IEEE Transactions on Software Engineering*, **SE-12**, 2 (Feb., 1986), pp. 251-257.

9. DOD-STD-2167 經過了重大的修訂而產生了 DOD-STD-2167A（1988），它允許但並未頒佈更新的模型，像是螺旋模型（spiral model）。很不幸，Boehm 報告說，2167A 所參考的 MILSPEC 以及它所使用的說明範例，仍然是瀑布模型導向，因此大部分所獲致的成果也還是繼續延用瀑布模型。一個國防科學委員會專案小組中的 Larry Druffel 和 George Heilmeyer ，在他們 1994 年的〈Report of the DSB task force on acquiring defense software commercially〉報告中，主張大規模地使用較為現代的模型。

10. Mills, H. D., "Top-down programming in large systems," in *Debugging Techniques in Large Systems*, R. Rustin, ed. Englewood Cliffs, N. J.: Prentice-Hall, 1971.

11. Parnas, D. L., "On the design and development of program families," *IEEE Trans. on Software Engineering*, **SE-2**, 1 (March, 1976), pp. 1-9; Parnas, D. L., "Debugging software for ease of extension and contraction," *IEEE Trans. on Software Engineering*, **SE-5**, 2 (March, 1979), pp. 128-138.

12. D. Harel, "Biting the silver bullet," *Computer* (Jan., 1992), pp. 8-20.

13. 在資訊隱藏方面的幾篇具原創性的論文是：Parnas, D. L., "Information

distribution aspects of design methodology," Carnegie-Mellon, Dept. of Computer Science, Technical Report (Feb., 1971); Parnas, D. L., "A technique for software module specification with examples," *Comm. ACM*, **5**, 5 (May, 1972), pp. 330-336; Parnas, D. L. (1972). "On the criteria to be used in decomposing systems into modules," *Comm. ACM*, **5**, 12 (Dec., 1972), pp. 1053-1058.

14. 物件（object）的構想最初是由 Hoare 和 Dijkstra 所描繪出來的，但這方面最早且影響最大的進展則是 Dahl 和 Nygaard 所發明的 Simula-67 語言。

15. Boehm, B. W., *Software Engineering Economics*, Englewood Cliffs, N. J.: Prentice-Hall, 1981, pp. 83-94; 470-472.

16. Abdel-Hamid, T., and S. Madnick, *Software Project Dynamics: An Integrated Approach*, ch. 19, "Model enhancement and Brooks's law." Englewood Cliffs, N. J.: Prentice-Hall, 1991.

17. Stutzke, R. D., "A Mathematical Expression of Brooks's Law." In *Ninth International Forum on COCOMO and Cost Modeling*. Los Angeles: 1994.

18. DeMarco, T., and T. Lister, *Peopleware: Productive Projects and Teams*. New York: Dorset House, 1987. （有中譯本《天才當家》藍鯨出版）

19. Pius XI, Encyclical *Quadragesimo Anno*, [Ihm, Claudia Carlen, ed., *The Papal Encyclicals 1903-1939*, Raleigh, N. C.: McGrath, p. 428.]

20. Schumacher, E. F., *Small Is Beautiful: Economics as if People Mattered*, Perennial Library Edition. New York: Harper and Row, 1973, p. 244. （有中譯本《小就是美》立緒出版）

21. 參考上述 Schumacher 的書，p. 34.

22. 一個發人深省的海報上寫著：「新聞自由屬於擁有它的人（Freedom of the press belongs to him who has one）。」

23. Bush, V., "That we may think," *Atlantic Monthly*, **176**, 1 (April, 1945), pp.

101-108.

24. 貝爾電話實驗室的 Ken Thompson ，也就是 Unix 的發明人，他很早就體認到大型螢幕對程式設計的重要性，他發明了一個方法，可以抓取120行程式碼並分成兩段顯示在他早期的Tektronix 電子映像管上，在整個小型視窗、高速映像管的時代，他對這種終端機一直是情有獨鍾。

索引

（頁碼用粗體表示者，表示對該項目有較多的描述）

語言

譯後記

在軟體界，任何人都知道這本書是經典（不然您就太落伍了），不讀此書，將是您最大的損失。

本書在譯稿校對方面，曾昭屏、朱子傑兩位先生給予了我相當大的幫助，憑藉著對軟體的熱情，他們不厭其煩地和我反覆討論，讓我受益良多，並使初稿中許多關鍵性的誤譯得以改正，而趙光正、蔡煥麟、陳盈學、李潛瑞幾位先生也都很熱心地幫忙看稿，更無私地分享了許多珍貴的翻譯經驗，與他們從不相識到合作愉快，以及與出版社的結合，是在某些因緣際會下，由點空間（www.dotspace.idv.tw）熱心促成的，那是有關軟體工程的一個非常棒的網站。在典故的查證方面，得力於林新景醫師、張基正先生（他是虔誠的基督徒）、李怡瑩小姐（很會改作文、挑錯字的小學老師，熟知許多童話、音樂、電影、卡通、地理方面的典故）。最重要的，是本書的原作者 Frederick P. Brooks, Jr. 前輩，他已經 72 歲了，還非常熱心地解答了我許多的疑惑。

如果您發現任何漏譯、誤譯、錯別字，或有任何建議，歡迎來信告訴我，我的電子郵件信箱是：cii@ms1.hinet.net

這是本老書，能翻譯完成，我得感謝老爸、老媽、老婆、老師、老闆、老同事、老同學、老友……

感謝老天。

中山科學研究院電子所相列雷達組戰術中心　　　　　　錢一一
2003 年 8 月

國家圖書館出版品預行編目資料

人月神話：軟體專案管理之道／Frederick P.
Brooks, Jr. 著；錢一一譯 -- 初版. -- 臺北市：
經濟新潮社出版：城邦文化發行, 2004〔民93〕
　面；　公分. --（經營管理；23）
參考書目：面
含索引
譯自：The Mythical Man-Month：essays on
software engineering
　ISBN 986-7889-18-5（平裝）

　1. 軟體研發

312.92　　　　　　　　　　　　　　93003567